全国高等医药院校药学类专业第六轮规划教材

Python程序设计实验指导与习题解答

主　编　梁建坤

副主编　王海慧　佟　欧　翟玉萱

编　者　（以姓氏笔画为序）

王　菲（沈阳药科大学）

王永洋（沈阳药科大学）

王海慧（沈阳药科大学）

佟　欧（沈阳药科大学）

张晓帆（沈阳药科大学）

郑小松（沈阳药科大学）

胡树煜（锦州医科大学）

梁建坤（沈阳药科大学）

翟　菲（沈阳药科大学）

翟玉萱（沈阳药科大学）

中国健康传媒集团

中国医药科技出版社

内 容 提 要

本教材包含 12 章，与理论教材中的章节相对应，内容涵盖了 Python 的基本语法知识以及 GUI 界面设计、数据分析、网络爬虫等高级应用。每章包含选择、判断、编程三部分，选择和判断涵盖了理论内容的各知识点，实验操作部分的题目紧扣本章知识点，难易结合，题目内容在涵盖重要知识点的基础上尽量取材于解决生活、学习、未来科研中遇到的实际问题，同时增加了考查学生综合应用能力的综合训练题目，在培养读者编程能力的同时，又不失实用性和趣味性。

本教材是面向高等院校非计算机专业的实践教学用书，建议与《Python 程序设计》教材配套使用，也可以作为爱好 Python 编程的学习者和参加 Python 语言程序设计等级考试人员的参考用书。

图书在版编目（CIP）数据

Python 程序设计实验指导与习题解答 / 梁建坤主编.
北京：中国医药科技出版社，2025.3. -- （全国高等医药院校药学类专业第六轮规划教材）. -- ISBN 978-7
-5214-5127-6

Ⅰ. TP312.8

中国国家版本馆 CIP 数据核字第 20253R6D52 号

美术编辑　陈君杞
版式设计　友全图文

出版　**中国健康传媒集团** | 中国医药科技出版社
地址　北京市海淀区文慧园北路甲 22 号
邮编　100082
电话　发行：010 - 62227427　邮购：010 - 62236938
网址　www.cmstp.com
规格　889mm×1194mm $^{1}/_{16}$
印张　4 $^{1}/_{2}$
字数　128 千字
版次　2025 年 3 月第 1 版
印次　2025 年 3 月第 1 次印刷
印刷　北京金康利印刷有限公司
经销　全国各地新华书店
书号　ISBN 978 - 7 - 5214 - 5127 - 6
定价　**29.00 元**

获取新书信息、投稿、为图书纠错，请扫码联系我们。

"全国高等医药院校药学类规划教材"于20世纪90年代启动建设。教材坚持"紧密结合药学类专业培养目标以及行业对人才的需求，借鉴国内外药学教育、教学经验和成果"的编写思路，30余年来历经五轮修订编写，逐渐完善，形成一套行业特色鲜明、课程门类齐全、学科系统优化、内容衔接合理的高质量精品教材，深受广大师生的欢迎。其中多品种教材入选普通高等教育"十一五""十二五"国家级规划教材，为药学本科教育和药学人才培养作出了积极贡献。

为深入贯彻落实党的二十大精神和全国教育大会精神，进一步提升教材质量，紧跟学科发展，建设更好服务于院校教学的教材，在教育部、国家药品监督管理局的领导下，中国医药科技出版社组织中国药科大学、沈阳药科大学、北京大学药学院、复旦大学药学院、华中科技大学同济医学院、四川大学华西药学院等20余所院校和医疗单位的领导和权威专家共同规划，于2024年对第四轮和第五轮规划教材的品种进行整合修订，启动了"全国高等医药院校药学类专业第六轮规划教材"的修订编写工作。本套教材共72个品种，主要供全国高等院校药学类、中药学类专业教学使用。

本套教材定位清晰、特色鲜明，主要体现在以下方面。

1.融入课程思政，坚持立德树人 深度挖掘提炼专业知识体系中所蕴含的思想价值和精神内涵，把立德树人贯穿、落实到教材建设全过程的各方面、各环节。

2.契合人才需求，体现行业要求 契合新时代对创新型、应用型药学人才的需求，吸收行业发展的最新成果，及时体现新版《中国药典》等国家标准以及新版《国家执业药师职业资格考试考试大纲》等行业最新要求。

3.充实完善内容，打造精品教材 坚持"三基五性三特定"，进一步优化、精炼和充实教材内容，体现学科发展前沿，注重整套教材的系统科学性、学科的衔接性，强调理论与实际需求相结合，进一步提升教材质量。

4.优化编写模式，便于学生学习 设置"学习目标""知识拓展""重点小结""思考题"模块，以增强教材的可读性及学生学习的主动性，提升学习效率。

5.配套增值服务，丰富学习体验 本套教材为书网融合教材，即纸质教材有机融合数字教材，配套教学资源、题库系统、数字化教学服务等，使教学资源更加多样化、立体化，满足信息化教学需求，丰富学生学习体验。

"全国高等医药院校药学类专业第六轮规划教材"的修订出版得到了全国知名药学专家的精心指导，以及各有关院校领导和编者的大力支持，在此一并表示衷心感谢。希望本套教材的出版，能受到广大师生的欢迎，为促进我国药学类专业教育教学改革和人才培养作出积极贡献。希望广大师生在教学中积极使用本套教材，并提出宝贵意见，以便修订完善，共同打造精品教材。

中国医药科技出版社

2025年1月

　　本教材是全国高等医药院校药学类专业第六轮规划教材《Python 程序设计》、辽宁省跨校选修课平台课程"计算机程序设计（Python）"的配套实验教材，教育部高等学校计算机基础课程教学指导委员会"药学类计算机基础课程典型实验项目建设研究"等多项课题的研究成果之一。

　　本教材的编写宗旨是培养读者的基本程序逻辑思维能力，指导读者短期内快速掌握开发计算机程序、解决医药研究、生产和生活中遇到的基本问题。本教材选取了大量与实际生活和学习相关的问题，内容循序渐进。综合性训练题目在不同章节重复出现以考查不同知识点和解决问题的技术，待本教材学完时，以期达到完成该综合训练题目的目的，例如身份证号码合法性校验、绘制标准国旗等。需要说明的是，同一个问题的算法有很多，我们提供的通常为最经典的算法，不要被我们的代码和思路所束缚，鼓励读者开拓思路，提高分析问题和解决问题的能力。

　　本教材供高等院校非计算机专业学生和相关工程技术人员使用，也可以作为广大程序自学爱好者的参考学习资料。适合于零基础到初级程序员水平的人员使用，或作为参加全国计算机等级考试二级Python语言程序设计的教材。

　　本教材提供包含全部实验题目的源程序和素材文件的电子版素材库。使用本教材教学的教师如有需要可与作者联系（teacherljk@163.com）。

　　全书由梁建坤主编和统稿，参加编写的有梁建坤（第9章、第10章）、佟欧（第1章）、张晓帆（第2章）、王永洋（第3章）、胡树煜（第4章）、翟玉萱（第5章）、王海慧（第6章）、王菲（第7章）、郑小松（第8章、第12章）、翟菲（第11章）。

　　感谢董鸿晔教授、于净教授对本教材的编写提出的建议和支持，感谢广大兄弟院校跨校选修本课程的教师长期以来对我们工作的支持和关心，感谢各位编委的辛苦付出。

　　由于编者水平有限，疏漏和不妥之处在所难免，恳请各位专家和广大读者批评指正。

编　者

2024 年 11 月

目　录

1　　第 1 章　Python 概述

6　　第 2 章　Python 程序设计基础

11　第 3 章　分支结构

15　第 4 章　循环结构

22　第 5 章　列表与元组

29　第 6 章　字典与集合

37　第 7 章　函数

41　第 8 章　数据文件与异常处理

45　第 9 章　GUI 界面设计

50　第 10 章　数据可视化

57　第 11 章　数据分析与应用

63　第 12 章　爬虫基础及应用

第1章　Python 概述

1.1 选择题

1. Python 的创始人是_____。
   A. 詹姆斯·戈士林　　　B. 比尔·盖茨　　　C. 吉多·范罗苏姆　　D. 史蒂夫·乔布斯

2. 以下不属于 Python 特点的是_____。
   A. 免费开源　　　　　　B. 编译型语言　　　C. 跨平台　　　　　D. 扩展性强

3. 以下_____不属于编译型程序设计语言。
   A. VB. NET 语言　　　　B. C 语言　　　　　C. C ++ 语言　　　　D. Python 语言

4. Python 的源程序文件(∗.py)的执行方式为_____。
   A. 直接执行　　　　　　B. 整体编译后执行　C. 边解释边执行　　D. 以上都不对

5. 以下对 Python 的描述中，正确的是_____。
   A. 解释性语言　　　　　　　　　　　　　B. 运行速度比 C 语言快
   C. 收费的商业软件　　　　　　　　　　　D. 移植性差

6. 在 IDLE 的文件窗口中，运行当前 py 文件的快捷键是_____。
   A. F1　　　　　　　　　B. F5　　　　　　　C. Alt + 3　　　　　D. Ctrl + 4

7. 随同 Python 解释器在安装 Python 时自动被安装到本机的库（例如 math）属于_____。
   A. 标准库　　　　　　　B. 第三方库　　　　C. 自定义库　　　　D. 以上都不对

8. 首次使用前，需要先从 Python 的服务器中下载、安装的库（例如 Matplotlib）属于_____。
   A. 标准库　　　　　　　B. 第三方库　　　　C. 自定义库　　　　D. 以上都不对

9. 以下导入标准库 math 的语句错误的是_____。
   A. import math as m　　　　　　　　　　B. from math import ∗
   C. import sqrt,pi from math　　　　　　　D. from math import sqrt,pi

10. 利用 from math import ∗ 导入 math 库后，下面选项正确的是_____。
    A. x = pi + sqrt(100)　　　　　　　　　B. x = math. pi + math. sqrt(100)
    C. 以上两个都正确　　　　　　　　　　　D. 以上两个都错误

11. 以下关于 turtle 库的默认状态，描述错误的是_____。
    A. 绘图窗口的默认位置为屏幕中心
    B. 画布的默认尺寸为 400 ×300、背景色为白色
    C. 画笔的默认形状为海龟
    D. 画笔的默认前进方向为右方（x 轴正向）

12. 以下关于 turtle 库的说法正确的是_____。
    A. pencolor() 只能设置线条的颜色
    B. fillcolor() 只能设置填充颜色
    C. color() 可以同时设置线条颜色和填充颜色
    D. 以上说法都正确

13. 以下关于 turtle. speed(n) 的说法错误的是_____。

    A. n 的取值范围是[0,10]

    B. n 在[1,10]之间取值时，值越大画笔的移动速度越快

    C. n 取 0 时，画笔的移动速度最慢

    D. n 取 1 时，画笔的移动速度最慢

14. 以下关于 turtle 库的说法正确的是_____。

    A. forward(d) 命令，d 为正表示画笔向前移动，d 为负表示向后移动

    B. left(d) 命令，d 为正表示向左旋转，d 为负表示向右旋转

    C. circle(r) 命令，r 为正表示在左手侧画圆，r 为负表示在右手侧画圆

    D. 以上说法都正确

15. Python 语言中利用 font = ("Arial",8,"normal") 的格式定义字体，其中对第三个表示字体格式参数的描述正确的是_____。

    A. "bold" 表示加粗

    B. "italic" 表示倾斜

    C. "bold underline" 表示加粗且具有下划线

    D. 以上说法都正确

1.2 判断题

1. 计算机程序设计语言中，机器语言属于低级语言，汇编语言属于高级语言。（　）
2. 机器语言是二进制语言，计算机硬件可以直接识别和执行用机器语言编写的程序。（　）
3. 机器语言无需翻译就可以直接被计算机执行，程序的执行效率高。（　）
4. 机器语言可以直接被计算机硬件识别和执行，具有很好的移植性。（　）
5. 汇编语言也是低级语言，和机器语言一样无需翻译就可以被计算机执行。（　）
6. 汇编语言是一种助记符号语言，而非二进制语言，它不能够被计算机硬件直接识别，必须先被转换为机器语言（汇编）才能够被执行。（　）
7. 高级语言接近于人类的自然语言，例如 Python、C 等，和低级语言相比更容易被理解，因此编程效率高、可读性强，但执行效率比低级语言差。（　）
8. 高级语言独立于机器，与计算机结构无关，和低级语言相比通用性和可移植性更强。（　）
9. 源程序被逐语句地分析、翻译、执行，全部执行完毕后也不生成目标程序，这种高级语言属于解释型语言。（　）
10. 源程序被逐语句地分析、翻译后首先生成一个目标程序，再经过相关处理后得到一个可执行程序，以后可以脱离源程序直接运行最终的可执行程序，这种高级语言属于编译型语言。（　）
11. Python、JavaScript 都属于编译型语言。（　）
12. C 和 C++ 属于解释型语言。（　）
13. 和编译型语言相比，解释型语言的执行效率更高。（　）
14. 和解释型语言相比，编译型语言的可移植性更好。（　）
15. Python 是一种跨平台、开源、免费的高级动态编程语言。（　）
16. Python 3. x 完全兼容 Python 2. x，所以在 3. x 版本下可以书写符合 2. x 规则的代码。（　）
17. 在 Windows 平台上编写的 Python 程序无法在 Unix 平台运行。（　）

18. 解决同一个问题，用 Python 编写的程序代码量比用 C 语言编写的代码量小，但是运行效率没有 C 语言高。（　）

19. 无论是在 IDLE 环境的 shell 窗口（前面有 >>> 提示符）还是在文件窗口中编程，Python 都是交互式运行的（输入一个语句后回车就执行这个语句）。（　）

20. 专业的程序开发人员更喜欢用 PyCharm、Anaconda 等开发环境而非 Python 自带的 IDLE。虽然 Python 本身的功能相同，但前者提供了更多辅助功能（例如程序调试），使用起来更加高效。（　）

21. 作为 Python 的官方扩展库索引服务器(https://pypi.org/simple)与分布于世界各地的镜像服务器相比，它收录的第三方库最完整、版本最新、提供下载服务的速度最快。（　）

22. Python 利用 setup 命令安装第三方库。（　）

23. 利用 *import 库名 [as 别名]* 的方法导入某个库后，在后续代码中可以直接书写该库中的函数名，无需在函数名前书写库名进行限定。（　）

24. turtle 是 Python 的标准库，导入即可使用，无需下载安装。（　）

25. 海龟的轮廓颜色是绘制的线条颜色，身体的颜色是实心图形的填充色。（　）

26. turtle.setup 用于设置画布的尺寸和颜色，turtle.screensize 设置绘图窗口的尺寸和位置。（　）

27. turtle.goto(0,0) 和 turtle.home() 的功能是一样的。（　）

28. 如果用 turtle 绘制实心填充图形，要求绘制的线条必须是闭合图形（起点和终点重合）。（　）

29. turtle 绘制的图形可以是空心的也可以是填充的，哪部分填充由成对出现的 begin_fill() 和 end_fill() 来决定。（　）

30. turtle.undo() 命令可以撤销最近执行的一次操作。（　）

1.3 操作题

说明：为了帮助理解，有些题目的插图中增加了坐标轴和特征点的坐标，读者在实际绘图时不需要绘制这些辅助信息。图中右下角的学号和姓名用自己的真实信息。

1. 如图 1-1 所示，绘制对称的 6 个空心圆（半径为 50、pensize 为 3）。提示：如果每次在海龟的左手侧和右手侧同时绘制 2 个圆，只需要转动海龟 2 次、每次旋转 60 度就可以实现。

彩图

图 1-1　绘制对称的 6 个圆

2. 如图 1-2 所示，逐个顺次绘制这 6 个圆（线条颜色为 darkred，填充色为 red），结果如左图所示，此时第 6 个圆在最上方无法展示右图中真实螺旋桨叶片的层叠效果，请思考如何形成第 1、2 个圆在第 6 个圆上方的层叠效果？提示：circle() 函数除了绘制整圆还可以绘制圆弧。

图 1-2　绘制 6 个螺旋桨叶片

3. 绘制如图 1-3 所示的太极图。整个太极圆的半径为 150，鱼眼的半径为 25，各特征点的坐标如图 1-3 所示。

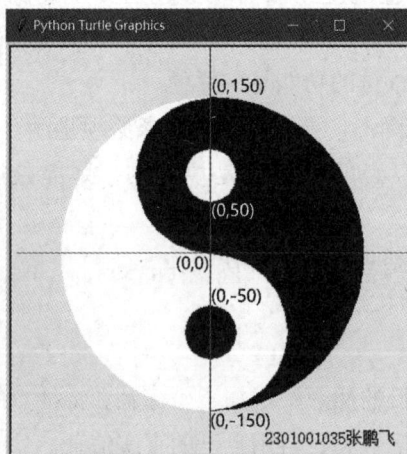

图 1-3　绘制太极图

4. 绘制如图 1-4 所示的奥运五环。五环之间相互嵌套，每个环的半径为 100，环的边框宽度为 20，环间的间距也是 20。坐标轴和各特征点的坐标如图 1-4 所示。

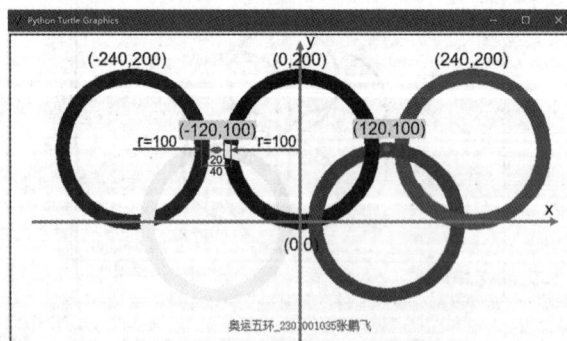

图 1-4　绘制奥运五环

5. 采用默认尺寸（400×300）的画布，利用实心填充的方法绘制边框宽度为 10 的显示器，其他关键点的坐标及最终效果如图 1-5 所示。显示器画面为酸橙色（lime），边框为淡紫色（lavender），支架为银色（silver），底座为灰色（gray）。

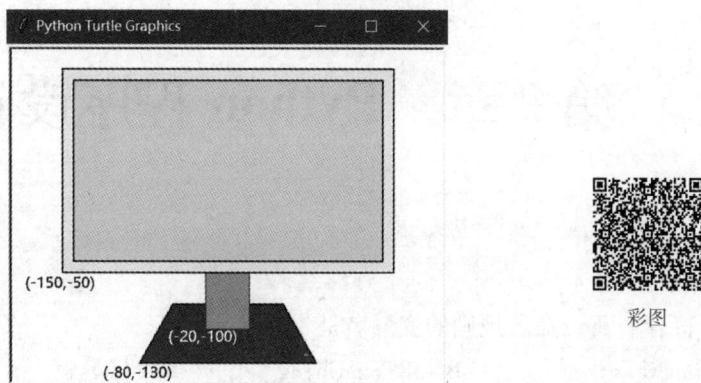

图 1-5　用填充图形绘制显示器

参考答案

1.1 选择题

1. C	2. B	3. D	4. C	5. A	6. B	7. A	8. B	9. C	10. A

11. C	12. D	13. C	14. D	15. D

1.2 判断题

1. F	2. T	3. T	4. F	5. F	6. T	7. T	8. T	9. T	10. T
11. F	12. F	13. F	14. F	15. T	16. F	17. F	18. T	19. F	20. T
21. F	22. F	23. F	24. T	25. T	26. F	27. F	28. F	29. T	30. T

第 2 章　Python 程序设计基础

2.1 选择题

1. 以下符合 Python 命名规则的变量名是＿＿＿＿＿。
    A. Jian20　　　　　　B. 58TongCheng　　　　C. True　　　　　　D. Jian-20

2. Python 中整数（int）变量的取值范围是＿＿＿＿＿。
    A. 0 到 255　　　　　　　　　　　　　B. -32768 到 32767
    C. -2147483648 到 2147483647　　　　D. 不限制取值范围

3. 数学表达式 $\dfrac{a+b}{2a}$ 对应的正确的 Python 表达式为＿＿＿＿＿。
    A. a + b/2a　　　　　　　　　　　　B. a + b/2 ∗ a
    C. (a + b)/2 ∗ a　　　　　　　　　　D. (a + b)/(2 ∗ a)

4. 下列 Python 表达式的值为偶数的是＿＿＿＿＿。
    A. 12 ∗ 3%5　　　　　　　　　　　　B. abs(-8)
    C. int(3.9)　　　　　　　　　　　　D. len("Welcome")

5. ＿＿＿＿＿不是 Python 中的数值类型。
    A. int　　　　　　B. float　　　　　　C. str　　　　　　D. bool

6. Print(True + 1) 的运行结果是＿＿＿＿＿。
    A. 1　　　　　　B. 0　　　　　　C. 2.0　　　　　　D. 2

7. 以下赋值语句中合法的是＿＿＿＿＿。
    A. x = 1, y = 0　　　　　　　　　　B. x = y = 0
    C. x = 1 y = 0　　　　　　　　　　　D. x = (y = 0)

8. 以下＿＿＿＿＿算术运算符用于执行取余操作。
    A. /　　　　　　B. //　　　　　　C. %　　　　　　D. ∗∗

9. 表达式 1234//10%10 的运算结果是＿＿＿＿＿。
    A. 1　　　　　　B. 2　　　　　　C. 3　　　　　　D. 4

10. round(1.23456,2) 的返回值是＿＿＿＿＿。
    A. 1　　　　　　B. 1.2　　　　　　C. 1.23　　　　　　D. 1.24

11. x = 81，则执行语句 x ∗∗ = 0.5 后，x 的值是＿＿＿＿＿。
    A. 40.5　　　　　　B. 9　　　　　　C. 0.5　　　　　　D. 9.0

12. s = 'Python123'，以下＿＿＿＿＿的返回值为'2'。
    A. s[1]　　　　　　B. s[8]　　　　　　C. s[-1]　　　　　　D. s[-2]

13. s = '上海自来水'，以下＿＿＿＿＿的返回值为'水来自海上'。
    A. s[::-1]　　　　　　　　　　　　　B. s[-1:-5]
    C. s[-1:-5:-1]　　　　　　　　　　　D. s[:]

14. 利用索引＿＿＿＿＿可以访问字符串中的最后一个字符。
    A. 0　　　　　　B. -1　　　　　　C. 1　　　　　　D. -2

15. 如下程序，运行的结果是_____。

s = "Python"

print(s[1:-1:-2])

  A. nhy   B. Pto   C. yhn   D. 空字符串

16. print("{:.2f}".format(1.234)) 的输出结果是_____。

  A. 0.2   B. 1.2   C. 1.23   D. 1.234

17. len('D:\nt\tmp.py') 的返回值是_____。

  A. 10   B. 9   C. 8   D. 7

18. len("23010101") 的结果是_____。

  A. 7   B. 8   C. 9   D. 2

19. 在 Python 中，_____函数返回给定字符的编码。

  A. int()   B. ord()   C. chr()   D. yolk()

20. 已知字符串变量 x 的值是'C'，字符' A '的 ASCII 为 65，python 表达式 chr(ord(x)+2) 的值是_____。

  A. 'D'   B. 'E'   C. 68   D. 69

2.2 判断题

1. 整型和浮点型都属于数值类型。（　　）

2. 10.20 是浮点型数据。（　　）

3. 10+20i 是复数型数据。（　　）

4. Python 中整型包含 bool 和 int，在算术运算中 True 对应 1，False 对应 0。（　　）

5. Python 中，运算符% 执行的是整除运算，运算符// 执行的是取余运算。（　　）

6. round() 函数的功能是四舍五入，因此 round(1.5)=2，round(2.5)=3（　　）

7. sqrt() 是 Python 的内置函数，其功能是返回给定参数的平方根。（　　）

8. int() 函数通过直接舍弃小数部分的方式，将给定的浮点数转换为整数。（　　）

9. 表达式 2.0+6 返回的结果为 int 型。（　　）

10. 由于 Python 对 float 数据进行算术运算时，结果存在计算误差，因此可能出现 0.1+0.2 == 0.3 结果为 False 的情况。为了避免这种计算误差导致的问题，可以采用 isclose(0.1+0.2,0.3) 的方法来判断它们是否相等。（　　）

11. 字符串中索引值为整数。最左侧和最右侧字符的索引均为 0，从左向右索引值递增，从右向左索引值递减。（　　）

12. Python 中的字符串可以利用索引修改指定字符的值。例如 x = "store"，语句 x[3] = "n" 可以将 x 的值修改为"stone"。（　　）

13. 在字符串切片操作中，步长的默认值是 1。（　　）

14. s = "Python"，切片 s[1:2] 的结果是"Py"。（　　）

15. len() 函数返回字符串参数的长度。（　　）

16. 字符串的 upper() 方法返回该字符串的大写形式。（　　）

17. "p" in "Python" 的结果是 True。（　　）

18. type(表达式) 返回该表达式结果的数据类型。（　　）

19. eval('1+2+3') 的结果是 6。（　　）

20. isalnum()方法可以检查字符串是否只包含字母和数字字符。（　）

21. "Python123". isalpha()的结果是 True。（　）

22. 字符串运算符"+"的功能为将两个字符串首尾拼接构成一个大字符串。（　）

23. Python 中的注释只有一种形式：将#号置于某行的开头或中央，#号后面的内容变为注释，程序运行时被忽略。（　）

24. str. count(sub)返回字符串 str 中包含子字符串 sub 的个数。所以"banana". count("ana')的返回值为2。（　）

25. 字符串的 replace()方法可以对字符串进行原地修改。（　）

2.3 操作题

1. 格式化输出。利用 str. format()字符串格式化方法，输出自己寝室同学的信息（姓名、性别、生源、身高、体重），如图 2-1 所示，注意各列的对齐方式。具体要求如下。

（1）第一个人必须是自己的真实信息（否则视为抄袭）。

（2）姓名列中必须包含两个、三个、四个字的姓名（可以编写）。

（3）生源的省份名称长度也不能均相同。

（4）身高单位为米，保留 2 位小数。

（5）体重单位为千克，保留 1 位小数。

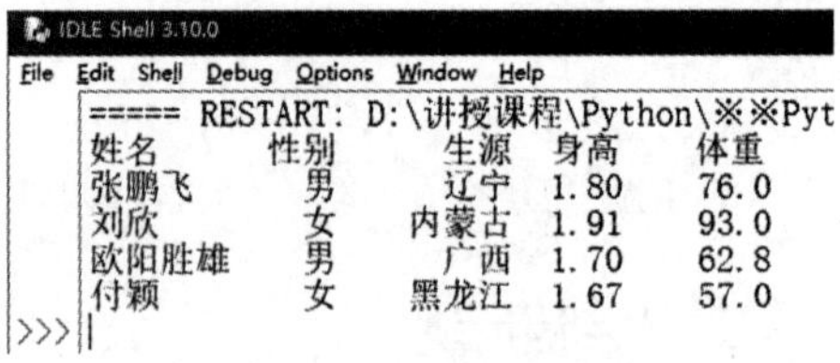

图 2-1　格式化输出结果

2. 血药浓度计算。血药浓度（plasma concentration）是指药物被吸收后在血浆内的总浓度，它会随时间的推移而产生变化，血药浓度的计算方法为：

$$C = \frac{k_0}{kV}(1 - e^{-kT}) \cdot e^{-kt}$$

已知某药物的生物半衰期 $k_0 = 3h$，$k = 0.693/k_0$，表观分布容积 $V = 10L$，给药时间 $T = 8h$，停药时间 $t = 2h$。编写程序，利用 input 函数输入生物半衰期 k_0、表观分布容积 V、给药时间 T 和停药时间 t 的值，根据公式计算并输出停药 2 小时后体内的血药浓度值 C，输出结果保留 3 位小数。

3. 时间格式化。利用 input 函数输入目前距考试结束剩余的秒数（例如 4000），计算距离考试结束还剩余多少小时、多少分钟、多少秒，并以 1：6：40 和 01：06：40 的两种时间格式进行输出。

4. 中药材成分分析。甘草中富含的部分黄酮类化合物的分子质量（MW）和口服生物利用度（OB）如表 2-1 所示。编写程序，利用 input 函数输入这三种化合物的 MW 和 OB 值，分别统计这三种化合物分子质量、口服生物利用度的最大值、最小值和平均值，利用 print 和 format 函数进行格式化输出，结果保留 1 位小数。

表 2-1　甘草中含有的部分黄酮类化合物

Molecule Name	MW	OB（%）
光甘草定	324. 40	53. 25
甘草素	256. 27	32. 76
异甘草苷	418. 43	8. 61

5. 回文判断。回文指正序和逆序都相同的字符序列，如"abcba"、"12321"等。编写程序实现对用户输入的字符串是否为回文的判断。

分析：利用字符串切片可以获取字符串的逆序，如果一个字符串的逆序与该字符串本身相等，那么该字符串就是回文。未来学习了列表、循环结构之后，会有更多方法实现回文的判断。

6. 身份证号码合法性校验 Step1。目前在网页中填报身份证号，通常都会提供验错功能：长度必须为 18 位、最后一位必须是数字或（大小写）字母 X。我国的第二代身份证号码本身含有错误校验功能，理论上尽管网络平台不知道某人准确的身份证号码，但如果录入错误网络平台可以判断出录入的号码是错误的（不符合中国身份证号码的校验规则）。随着后续章节的学习，这些功能都可以掌握。由简到繁，本章先实现以下功能：①用户输入身份证号码；②输出该身份证号码的长度；③输出身份证号码的最后一位；④输出该用户的生日信息，格式为"xxxx 年 xx 月 xx 日"。

7. GC 含量是指 DNA 中鸟嘌呤（G）和胞嘧啶（C）所占的比例，它是核酸序列组成的重要特征之一。不同物种的 GC 含量各不相同，其计算公式为：

$$GC 含量(\%) = (G + C)/总碱基数 \times 100\%$$

例如，序列"AGCTATAG"的 GC 含量为 $(2 + 1)/8 \times 100\% = 37.5\%$

"CCACCCTCGTGGTATGGCTAGGCATTCAGGAACCGGAGAACGCTTCAGACCAGCCCGGACTGGGAACCTGCGGGCAGTAGGTGGAAT"是一段基因序列片段（可从素材文件"DNA 序列片段.txt"中复制），编写程序计算并输出这段序列片段的 GC 含量，结果保留 4 位小数。

8. 正五角星参数计算和绘制，如图 2-2 所示。用 turtle 绘制五角星常用的 2 种方法如下。

（1）将画笔定位于坐标为(x1,y1)的顶点 1，利用 goto 指令依次连接顶点 3、5、2、4、1 形成封闭的五角星图案。

（2）求不相邻的两个顶点间的距离 L，将画笔定位于顶点 1。循环 5 次，每次前进距离 L 然后右转144 度，回到顶点 1 形成封闭的五角星图案。

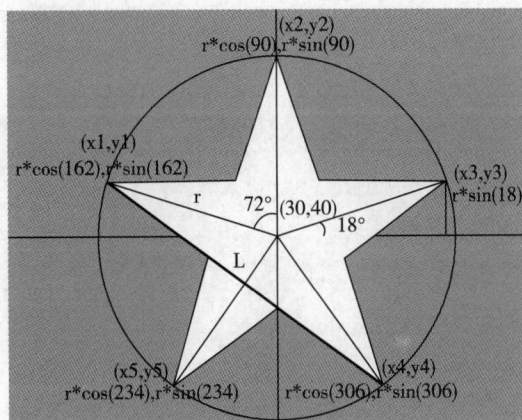

图 2-2　五角星参数计算

编写程序，利用 math 库中的三角函数计算下面的参数，调用 turtle 库完成正五角星的绘制。具体要求如下。

1）设定正五角星的中心点坐标为(30,40)、外接圆半径 r 为 100。

2）计算并输出此五角星各顶点的坐标(x1,y1)、(x2,y2)、(x3,y3)、(x4,y4)、(x5,y5)。

3）利用方法（1）绘制此正五角星（只绘制五角星，外接圆等辅助信息都不用绘制）。

4）计算并输出顶点(x1,y1)和顶点(x4,y4)间的距离 L。

5）利用方法（2）绘制此正五角星。

参考答案

2.1 选择题

1. A	2. D	3. D	4. B	5. C	6. D	7. B	8. C	9. C	10. C
11. D	12. D	13. A	14. B	15. D	16. C	17. A	18. B	19. B	20. B

2.2 判断题

1. T	2. T	3. F	4. T	5. F	6. F	7. F	8. T	9. F	10. T
11. F	12. F	13. T	14. F	15. T	16. T	17. F	18. T	19. T	20. T
21. F	22. T	23. F	24. F	25. F					

第3章 分支结构

3.1 选择题

1. 结构化程序设计的三种基本结构是_____。
   - A. 递归结构、分支结构、循环结构
   - B. 分支结构、过程结构、顺序结构
   - C. 过程结构、输入输出结构、转向结构
   - D. 顺序结构、分支结构、循环结构

2. Python 通过_____表示代码块的从属关系。
   - A. 括号
   - B. 缩进
   - C. 逗号
   - D. 冒号

3. 以下关键字中用于分支结构的是_____。
   - A. print
   - B. while
   - C. loop
   - D. if

4. 以下关键字中用于多分支结构的是_____。
   - A. elif
   - B. do
   - C. for
   - D. while

5. 条件表达式的结果是_____。
   - A. 整型
   - B. 浮点型
   - C. 布尔型
   - D. 字符型

6. 关于以下表达式的描述中正确的是_____。
   - A. 条件 4 <= 5 <= 6 合法，结果为 False
   - B. 条件 4 <= 5 <= 6 合法，结果为 True
   - C. 条件 4 <= 5 <= 6 不合法，抛出异常
   - D. 以上描述都不对

7. 设 a = 10，b = 20；则 a >= 10 and b < 100 的结果是_____。
   - A. True
   - B. true
   - C. False
   - D. false

8. 在 Python 中，以下表达式结果为 False 的选项是_____。
   - A. "CD" < "CDFG"
   - B. "DCBA" < "DC"
   - C. " " < "G"
   - D. "LOVE" < "love"

9. 乒乓球比赛中一局比赛结束的规则：必须有一方达到 21 分，且至少赢对方 2 分。如果 a、b 两人参加比赛，正确的表达式为_____。
   - A. (a >= 21 and a–b >= 2) or (b >= 21 and b–a >= 2)
   - B. (a >= 21 and a–b >= 2) and (b >= 21 and b–a >= 2)
   - C. (a >= 21 or b >= 21) or abs(a–b) >= 2
   - D. a >= 21 or b >= 21 and abs(a–b) >= 2

10. 下列式子中结果为 True 的是_____。
    - A. 0 = 0
    - B. 0 == 0
    - C. 0 != 0
    - D. 0 == (0 == 0)

11. 若 x = –3，y = 4，则下列式子中结果为 False 的是_____。
    - A. not(x>0)
    - B. x <= 0 or y <= 0
    - C. x > 0 and y > 0
    - D. x > 0 or y > 0

12. a = 10,b = 20，则 print(a = b) 的结果是_____。

    A. 20　　　　　　　　B. 10　　　　　　　　C. False　　　　　　　D. 出错

13. a,b = 10,20，则 print(0 < a < b) 的结果是_____。

    A. True　　　　　　　B. true　　　　　　　C. False　　　　　　　D. false

14. 以下关于分支结构的描述中，错误的是_____。

    A. if 结构中某个语句块是否执行依赖于条件判断

    B. if 结构中条件部分可以使用任何能够产生 True 或 False 的表达式和函数

    C. 双分支结构使用的关键字是 if 和 else

    D. 多分支结构中必须同时使用关键字 if、elif 和 else

15. 编写程序求两个数中的较大数，不正确的是_____。

    A. if x > y:　　　　　　　　　　　　　　　　B. if x > y:
          max = x　　　　　　　　　　　　　　　　 max = x
     if y >= x:　　　　　　　　　　　　　　　 else:
          max = y　　　　　　　　　　　　　　　　 max = y

    C. max = x　　　　　　　　　　　　　　　　D. if y >= x:
     if y >= x:　　　　　　　　　　　　　　　 max = y
          max = y　　　　　　　　　　　　　　　　 max = x

16. 执行下列 Python 语句将产生的结果是_____。

```
i = 0
if i:
    print(True)
else:
    print(False)
```

    A. 输出 1　　　　　B. 输出 True　　　　　C. 输出 False　　　　　D. 编译错误

17. 以下程序的功能是对现有薪水进行档次评定并进行上调，程序运行后输入 5000，运行的结果是_____。

```
n = eval(input("请输入你的薪水:"))
grade = ""
if n < 4000:
    grade = "低收入"
    n *= 1.5
if 4000 <= n < 6000:
    grade = "中等收入"
    n *= 1.3
if n >= 6000:
    grade = "高收入"
    n *= 1.1
print(grade)
```

    A. 低收入　　　　　　　　　　　　　　　　B. 中等收入

    C. 高收入　　　　　　　　　　　　　　　　D. 程序报错

18. 下面代码的功能是判断用户输入的整数是否为奇数。

```
x = int(input("请输入一个整数:"))
if _____ != 0:
    print("这个数是奇数")
```

A. x%2　　　　　B. x//2　　　　　C. x/2　　　　　D. 以上都不对

3.2 判断题

1. 如果 a,b = 10,50，那么 a == b 的结果为 True。（　　）

2. 无论多么复杂的程序，结构化程序设计语言都可以利用顺序结构、选择结构、循环结构这三种基本结构来实现。（　　）

3. 分支结构根据条件的结果执行不同的代码块实现程序的逻辑判断，提高程序的灵活性和适应性。（　　）

4. Python 语法认为条件 x <= y <= z 是合法的。（　　）

5. 表达式 3 ** 2 * 5 // 6 % 7 or True > False 结果为 True。（　　）

6. Python 在浮点数运算中，可能由于存储精度产生计算误差，导致 1.6 + 2.2 不等于 3.8；可以采用 math. isclose(1.6 + 2.2,3.8) 的方法来判断其是否相等。（　　）

7. Python 的分支结构使用保留字 if、elif 及 else 来实现，每个 if 后面必须有 elif 或者 else。（　　）

8. 多分支结构用于设置多个判断条件以及对应的多条执行路径。（　　）

9. 用多分支结构时要注意各条件的先后顺序，以免出现逻辑上的错误。（　　）

10. 在分支的嵌套中仅能使用单分支结构和双分支结构。（　　）

3.3 操作题

1. 某商场促销规定：消费大于 1000 元打八折，消费在 100~1000 元（含 100 和 1000）打九折，低于 100 元不打折。编写程序，用户输入消费金额，输出应付金额。

2. 超高音速导弹是指最高速度达到 5 马赫（5 倍音速，音速近似取 340m/s）以上的导弹。东风 - 41 是一款由我国研制的固体洲际弹道导弹，长度近 20 米、直径超过 2 米、最大射程达 1.4 万公里、最高速度可达 8500m/s。编写程序，输入东风 - 41 的最高速度，判断其是否为超高音速导弹。

3. 我国现役航空母舰共三艘，"辽宁舰""山东舰"和"福建舰"，舷号分别为"16""17"和"18"。编写程序输入舷号，输出对应的舰名。

分析：输入之后先验证合法性，输入如果不是 16、17 或 18，提示错误。

4. 从键盘上输入一个字符，当输入的是英文字母时（不区分大小写），输出"英文字母"；当输入的是数字时，输出"数字"；当输入其他字符时，输出"其他字符"。编写程序实现以上功能。

5. 身体质量指数（body mass index，BMI）是国际上用于衡量人体胖瘦的重要健康标准。BMI 的计算方法为：

$$BMI = 体重(kg)/身高(m)^2$$

国际和国内对 BMI 指标的评判标准如表 3-1 所示。编写程序，由用户输入体重和身高，计算 BMI 值并给出依照国内标准的分类结果，如果输入信息的 BMI 指标小于 10 或大于 100，提示"数据输入有误！"。

表 3-1　BMI 指标的评判标准

分类	国际 BMI 值	国内 BMI 值
偏瘦	<18.5	<18.5
正常	18.5~25	18.5~24
偏胖	25~30	24~28
肥胖	≥30	≥28

6. 一元二次方程求解。用户输入 a、b、c，输出一元二次方程 $ax^2 + bx + c = 0$ 的解。

分析：首先考虑当 a = 0 时按一次方程求解，若 b = 0 不能构成方程，报错。然后考虑 a ≠ 0 时按二次方程求解，若判别式 ≥ 0，输出两个实根（可能相等）；若判别式 < 0，以字符串形式输出虚根。

7. 身份证号码合法性校验 Step2。编写程序实现以下功能。

1）要求用户录入自己的身份证号码。

2）长度检查。如果不是 18 位则报错。

3）字符类型检查。如果最后一位不是 0~9 的阿拉伯数字也不是大（小）写字母 X(x)，或前 17 位中有非阿拉伯数字，则报错。

4）出生日期检查。如果年龄不在 0~150、如果月份不在 1~12、如果日不合理（超出了本月的最大天数，例如 1 月 32 日、1 月 40 日、平年的 2 月 29 日等），则报错。

5）如果以上三项检查都通过，则报告"这是出生于 xxxx 年 xx 月 xx 日的 x 性"。提示：倒数第 2 位是奇数表示男性、偶数表示女性。

参考答案

3.1 选择题

1. D　　2. B　　3. D　　4. A　　5. C　　6. B　　7. A　　8. B　　9. A　　10. B

11. C　　12. D　　13. A　　14. D　　15. D　　16. C　　17. C　　18. A

3.2 判断题

1. F　　2. T　　3. T　　4. T　　5. T　　6. T　　7. F　　8. T　　9. T　　10. F

第4章 循环结构

4.1 选择题

1. 下面程序运行后，输出结果和循环次数分别为＿＿＿＿＿＿。

```
for i in range(1,11,4):
    i = i + 2
    if i > 10:
        i = i - 1
print(i)
```

    A. 11,3   B. 11,4   C. 10,3   D. 10,4

2. 如下程序，运行的结果是＿＿＿＿＿＿。

```
for i in 'Summer':
    if i == 'm':
        break
        print(i)
```

    A. m   B. mm   C. mmer   D. 无输出

3. 如下程序，运行的结果是＿＿＿＿＿＿。

```
for i in  [1,2,3,4,5]:
    print(i)
```

    A. 输出空白   B. 输出1到5的数字   C. 输出5个 * 号   D. 输出未知

4. 如下程序，运行的结果是＿＿＿＿＿＿。

```
for i in range(1,6):
    print(i * 2)
```

    A. 输出2、4、6、8、10、12   B. 输出2、4、6、8、10

    C. 输出空白   D. 没有输出

5. 在for循环中，可以使用的迭代器是＿＿＿＿＿＿。

    A. 只可以迭代列表

    B. 只可以迭代元组

    C. 可以迭代字符串、列表、元组、集合和字典等所有可迭代对象

    D. 只可以迭代字符串和自定义对象

6. 下列选项不可以实现从1到100的遍历是＿＿＿＿＿＿。

    A. for i in range(100):   B. for i in range(1,101):

    C. for i in [1,2,…,100]:   D. for i in (1,2,…,100):

7. 如下程序，运行的结果是＿＿＿＿＿＿。

```
fruits = ["apple", "banana", "cherry"]
for fruit in fruits:
```

```
        print(fruit[0])
```

  A. 输出 a,b,c   B. 输出 apple,banana,cherry

  C. 输出空白   D. 报告 KeyError 异常

8. 在 for 循环中使用 else 语句的作用是_____。

  A. 当循环条件为 False 时执行 else 语句块

  B. 当循环中使用 break 语句时执行 else 语句块

  C. 在循环正常结束后执行 else 语句块

  D. 在循环开始时先执行 else 语句块

9. 如下程序，运行的结果是_____。

```
for i in range(5):
    if i % 2 == 0:
        print(i * 2)
    else:
        print(i * 3)
```

  A. 输出 2,6,2,6,3,9,4,12,5,15 的数字序列

  B. 输出空白

  C. 输出 0,3,4,9,8 的数字序列

  D. 程序报错

10. 在 while 循环中，条件表达式必须返回一个_____。

  A. 整数   B. 字符串   C. 布尔值   D. 浮点数

11. 下列用于强制从 while 循环中跳出的语句是_____。

  A. break   B. return   C. continue   D. exit

12. 执行下面的循环结构，循环次数的描述正确的是_____。

```
i = 0
while 5:
    i += 1
    print(i)
```

  A. 执行零次   B. 执行一次   C. 执行 5 次   D. 执行无限次

13. 下列选项可以用于 while 循环中控制循环执行次数的是_____。

  A. if   B. else   C. break   D. continue

14. 在 while 循环中，如果条件表达式的值为 False，循环将_____。

  A. 只执行一次

  B. 无限次执行

  C. 执行指定次数

  D. 结束 while 循环，直接执行循环结构后面的语句

15. 下列选项通常在 while 循环中增加计数器 n 的值，用于记录循环次数的是_____。

  A. n *= 2   B. n += 2   C. n *= 1   D. n += 1

16. 在设计 while 循环时，需要注意避免的常见问题是_____。

  A. 死循环   B. 错误的边界条件

  C. 缺失语法元素   D. 以上都是

17. 在 while 循环中，下面用于直接进入下一轮循环的关键字是_____。

    A. do   B. exit   C. continue   D. break

18. 在 while 循环中，下面用于跳出本层循环的关键字是_____。

    A. break   B. return

    C. exit   D. pass

19. 以下叙述正确的是_____。

    A. continue 语句的作用是结束整个循环的执行

    B. break 语句可以在选择结构和循环结构中使用

    C. 在循环体内 break 或 continue 语句的作用是相同的

    D. 在多层循环嵌套结构中，break 语句只能结束（跳出）自身隶属层级的循环

20. 下面关于 while 循环和 for 循环的描述正确的是_____。

    A. while 循环是顺序执行，而 for 循环是并行执行

    B. while 循环常用于已知循环次数的情况，而 for 循环常用于未知循环次数的情况

    C. while 循环常用于未知循环次数的情况，而 for 循环常用于已知循环次数的情况

    D. while 循环和 for 循环没有区别

21. 在 Python 中，检查一个数是否为偶数的方法是_____。

    A. num % 2 == 0   B. num % 2 != 0

    C. num//2 == int(num/2)   D. num == num/2 * 2

22. 如下程序，运行的结果是_____。

```
x = 1
n = 0
while x < 20:
    x = x * 3
    n = n + 1
print(x, n)
```

    A. 15 和 1   B. 27 和 3   C. 9 和 2   D. 死循环

23. 如下程序，运行的结果是_____。

```
x = 10
while x > 4:
    x = x - 2
print(x)
```

    A. 2   B. 3   C. 4   D. 6

24. 如下程序，运行的结果是_____。

```
i = 0
s = 0
while i < 4:
    i += 1
    s += i
print(s)
```

    A. 3   B. 4   C. 6   D. 10

25. 如下程序，运行的结果是_____。

```
for i in range(1,5 + 1):
    if i % 3 == 0:
        continue
    print(i, end = '   ')
```

    A. 1 2   B. 1 2 4 5   C. 2   D. 3

26. 补充代码，实现判断某个大于 2 的整数（最小的素数 2 不适用）是否为素数：

```
n = int(input("输入一个正整数 n(n > 2):"))
for i in range(2,n):
    if n % i == 0:break
if ____:
    print(n,"是素数")
else:
    print(n,"不是素数")
```

    A. i = n − 1   B. i = n   C. i == n − 1   D. i == n

27. 如下程序，运行的结果是_____。

```
for i in range(5):
    print(i, end = "   ")
else:
    print("for 循环正常结束!")
```

    A. 1 2 3 4 5

    B. 1 2 3 4 5 for 循环正常结束!

    C. 0 1 2 3 4

    D. 0 1 2 3 4 for 循环正常结束!

28. 关于 random 库，以下说法错误的是_____。

    A. random() 函数能够生成一个 0 至 1 的随机小数(包含 0 和 1)

    B. randint(m,n) 函数能够生成一个 m 至 n 的随机整数(包含 m 和 n)

    C. choices(s,k = 5) 函数从序列 s 中随机抽取 5 个元素（带放回方式，可能有重复值）

    D. sample(s,5) 函数从序列 s 中随机抽取 5 个元素（无放回方式，无重复值）

29. 关于 random. uniform(a,b) 的作用描述，以下选项正确的是_____。

    A. 生成一个 [a,b] 之间的随机浮点数（含 a、b）

    B. 生成一个 (a,b) 之间的随机浮点数（不含 a、b）

    C. 生成一个 [a,b] 之间的随机整数（含 a、b）

    D. 生成一个 (a,b) 之间的随机整数（不含 a、b）

30. 对如下代码的描述错误的是_____。

```
import random
lstN = []
num = random. randint(10,99)
while True:
    lstN. append(num)
```

```
        if num == 88:
                break
        else:
                num = random. randint(10,99)
print(lstN)
```

A. 这段代码的功能是生成随机的两位正整数，列表 lstN 中的最后一个元素是 88

B. 由于当 num 等于 88 时循环结束，因此列表 lstN 中没有 88 这个元素

C. while True:创建了一个无限循环，只有执行 break 语句时才结束

D. 程序运行后，最终列表 lstN 中元素的个数不确定

4.2 判断题

1. 在 Python 中，可以使用 for 循环来遍历可迭代对象中的元素。（   ）

2. 在 Python 中，break 语句用于跳过本轮循环中的剩余语句，并继续执行下一轮循环。（   ）

3. 在 Python 中，continue 语句用于跳过本轮循环中的剩余语句，并继续执行下一轮循环。（   ）

4. range()函数可产生指定步长的等差序列，步长可以是整数或浮点数。（   ）

5. range()函数默认从 0 开始，默认步长为 1。（   ）

6. range()函数可以接受三个参数，分别是起始值、结束值和步长。（   ）

7. range(1,5)生成的可迭代序列为 1、2、3、4、5。（   ）

8. Python 对于整数和浮点数的运算都是精确的。（   ）

9. while answer == "Y" or"y"的功能是：当变量 answer 的值为"Y" 或"y"中的任何一个时执行循环体，否则跳过循环直接执行循环体后的语句。（   ）

10. 使用 while 循环时，必须指定一个条件表达式来控制循环的执行。这个条件表达式可以是关系表达式、逻辑表达式，也可以是算术表达式、数值常数、字符串常数。（   ）

11. 当使用 while 循环时，如果条件表达式恒真，那么循环会无限次执行。（   ）

12. for 循环和 while 循环是等价的，它们都可以遍历可迭代对象中的元素。（   ）

13. Python 中，可以使用嵌套的循环结构来执行多重循环操作。（   ）

14. Python 中，无限循环的 while 结构通常用 break 语句终止循环的执行。（   ）

15. randrange(m,n,step)函数可以返回 range(m,n,step)序列中的一个随机数。（   ）

4.3 操作题

1. 航天英雄平均年龄（文件遍历）。文件"中国历次执行航天任务的英雄年龄 . txt"中存放的是截至 2024. 10. 01，我国从 2003. 10 神舟五号到 2024. 04 神舟十八号历次执行航天任务的航天英雄们在执行任务时的年龄。编写程序读取文件，并输出我国执行过航天任务的人次及执行任务时的平均年龄。

2. 寻找闰年。编写程序，输出 1825—2024 这 200 年间的所有闰年，并汇报此期间的闰年数量，要求每行输出 10 个年份。提示：

1）如果(year%4 ==0 and year%100!=0) or year%400 ==0 那么 year 就是闰年；

2）正确性检查：应该有 2023 年、2000 年，不应有 1900 年。

3. 寻找水仙花。编写程序输出所有的水仙花数（水仙花数指个位、十位、百位的立方和仍是这个数自身的三位正整数，例如 153）。提示：

1）可以利用枚举法，对 100~999 进行循环判断；

2）既可以通过数值计算法，也可以通过字符串切片法得到个位、十位、百位。

4. 求 PI 的近似值。利用下面的表达式计算 π 的近似值，要求完成以下 2 个任务。

$$\pi = 2 \times \frac{2^2}{1 \times 3} \times \frac{4^2}{3 \times 5} \times \cdots \times \frac{(2 \times n)^2}{(2n-1) \times (2n+1)}$$

1）直到通项值小于用户输入精度为止（精度 1.0001 对应的 π 值为 3.126078900215414，精度 1.000000001 对应的 π 值为 3.1415429813920728）。

2）直到通项中的 n 大于用户输入值为止。分别用 while 和 for 循环实现，体会为什么 for 更适合已知次数的循环（当用户输入 1000 时，π 的近似值为 3.140807746030404）。

5. 斐波那契数列（1,1,2,3,5,8,……）又称黄金分割数列、兔子（生殖）数列，其前两项都是 1，从第三项开始每项为前两项的和。编写程序，要求：

1）输出斐波那契数列 1000 以内的所有项；

2）输出数列的前 20 项，每行输出 5 项，每列左对齐。

6. 百元买百鸡（枚举法）。编写程序列出用 100 元刚好购买 100 只鸡的所有可能方案。假设母鸡 3 元/只，公鸡 2 元/只，小鸡 0.5 元/只。

7. 猴子吃桃（递推法）。一只小猴子摘了若干个桃子存放在山洞中。第一天它把这些桃子平均分成 2 份，吃掉了 1 份，走时又从剩余的 1 份中拿走了 1 个。第二天又把洞里的桃子平均分为 2 份，吃掉了 1 份，走时又从剩余的 1 份中拿走了 1 个。如此反复，第 5 天进洞后发现只有 1 个桃子。求最初猴子共摘了几个桃？

8. 猜随机数。编写程序，随机产生一个 1~1000 的整数（含两端），让用户猜。如果用户猜的大，就提示"猜大了"；如果用户猜的小，就提示"猜小了"；猜对了就提示"猜中了"，并询问用户是否再玩一次。思考：如何猜可以快速猜中这个随机数字？

9. 凯撒加密。凯撒加密是由凯撒大帝提出的一种对明文进行加密的方法。具体方法是将明文中的每个字母用它在英文字母表中后面的第 n 个字母来替代，n 称为密码。例如 n = 2 时将 a 替换为 c、b 换为 d、……、x 换为 z、y 换为 a、z 换为 b。编写程序，利用凯撒加密的方法将用户输入的句子按照用户指定的密码进行加密。只替换英文字母，其他字符都不变。

10. 求最大公约数。编写程序，求整数 m 和 n 的最大公约数（不能用 Python 中现有的函数），分别利用辗转相除法、辗转相减法实现。

1）辗转相除法：先确保 m > n，令 r = m%n，如果 r = 0 那么 n 就是最大公约数，否则 m = n、n = r、r = m%n，如此反复直至 r 等于 0。

2）辗转相减法：如果 m 等于 n，那么 m 或 n 就是最大公约数，否则小的数不变，大的数变为二者的差，如此反复直至 m 等于 n。

11. 用圆的内接正多边形面积估算 π 值。用圆的内接正多边形的面积作为圆面积的近似值，求 π 的近似值（边数越多估算值越接近，分别用 8 边形、32 边形、128 边形、512 边形进行测试）。要求如下。

1）利用 turtle 库，在圆心为(0,0)、半径为 200 的圆内，绘制这个正多边形（只绘制圆和内接正多边形）。

2）用此正多边形面积作为圆面积近似值的话 π 的近似值是多少？此内接正多边形的面积占真实圆面积的百分比是多少？

提示：圆的内接正 n 边形的几何参数如图 4-1 所示。其中：

∠a = ∠c = 360/n/2 度

∠b = 90 - ∠a = 90 - 360/n/2 度

∠d = 180 - 2 * b = 360/n 度

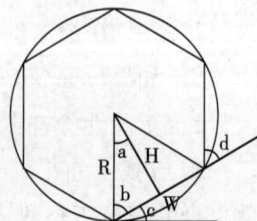

图 4-1 多边形参数

$$H = R * \cos(\angle a)$$

$$W = 2 * R * \sin(\angle a)$$

12. 素数判断。编写程序，由用户录入一个正整数，用 for…else… 结构判断该整数是否为素数。

参考答案

4.1 选择题

1. C	2. D	3. B	4. B	5. C	6. A	7. A	8. C	9. C	10. C
11. A	12. D	13. C	14. D	15. D	16. D	17. C	18. A	19. D	20. C
21. A	22. B	23. C	24. D	25. B	26. C	27. D	28. A	29. A	30. B

4.2 判断题

1. T	2. F	3. T	4. F	5. T	6. T	7. F	8. F	9. F	10. T
11. T	12. F	13. T	14. T	15. T					

第5章 列表与元组

5.1 选择题

1. 以下表示定义空列表 lst1 的是_____。
   A. lst1 = ()　　　　　　　B. lst1 = {}　　　　　　C. lst1 = []　　　　　　D. lst1 = set()

2. 如下程序，运行的结果是_____。
   lst1 = [2,4,6,8,10]
   print(lst1[5])
   A. 10　　　　　　　　　　　　　B. [10]
   C. []　　　　　　　　　　　　　D. IndexError: list index out of range

3. 假设列表 lst1 的值为[11,12,13,14,15,16,17,18,19]，那么切片 lst1[3:7]得到的值是_____。
   A. [13,14,15,16]　　　　　　　　B. [13,14,15,16,17]
   C. [14,15,16,17]　　　　　　　　D. [14,15,16,17,18]

4. 如下程序，运行的结果是_____。
   ls = [2,4,6,8,10]
   print(ls[1:4:-1])
   A. 语法错误　　　　B. []　　　　C. [10,8,6,4]　　　　D. [8,6,4]

5. 如下程序，运行的结果是_____。
   ls = [1,3,5,7,9]
   ls[1],ls[3] = ls[3],ls[1]
   print(ls[1])
   A. 1　　　　　　　B. 3　　　　　　　C. 5　　　　　　　D. 7

6. ls = [3.5,"Python",[10,"LIST"],3.6],ls[2][-1][1]的运行结果是_____。
   A. I　　　　　　　B. P　　　　　　　C. Y　　　　　　　D. L

7. 如下程序，运行的结果是_____。
   s1 = [1,2,3,4]
   s2 = [4,5,6]
   print(len(s1 + s2))
   A. 4　　　　　　　B. 5　　　　　　　C. 6　　　　　　　D. 7

8. 表达式[3] in [1,2,3,4]的值为_____。
   A. false　　　　　　B. False　　　　　　C. true　　　　　　D. True

9. 对于列表的方法 pop()与 remove()的区别与相同点，正确的描述是_____。
   A. 都必须按照给定的索引号进行删除
   B. pop()没有返回值
   C. remove()没有返回值
   D. 如果不提供 pop()参数，则默认删除索引号为 0 的元素

10. 以下不能删除列表元素的语句或方法是_____。

    A. delete 语句   B. pop()   C. remove()   D. clear()

11. 如下程序，运行的结果是_____。

```
lst1 = [1,3,5,7,9]
s = 0
for i in range(len(lst1)):
    s = s + lst1[i]
print(s)
```

    A. 10   B. 16   C. 24   D. 25

12. 如下程序，运行的结果是_____。

```
x = []
for i in range(10):
    if i % 2 == 1:
        x.append(i)
print(sum(x))
```

    A. 0   B. 10   C. 25   D. 55

13. 已知列表 x = [1,2,3]，那么执行语句 x.insert(1,4) 后，x 的值为_____。

    A. [1,4,2,3]   B. [4,1,2,3]   C. [1,2,4,3]   D. [1,2,3,1]

14. m = [i ** 2 for i in range(4)]，结果为_____。

    A. [0,1,4,9]   B. [1,4,9,16]   C. 8   D. 16

15. 使用列表推导式生成包含 10 个数字 5 的列表，语句为_____。

    A. [5 for i in range(10)]   B. [10 for i in range(5)]

    C. [5, for i in range(10)]   D. [10, for i in range(5)]

16. 如下程序，运行的结果是_____。

```
lx = [11,22,33]
ly = lx
ly[0] = -11
print(lx[0])
```

    A. 11   B. -11   C. 22   D. -22

17. 运行以下程序，输出结果不可能是_____。

```
import random
fib = [1] * 11
for i in range(2,11):
    fib[i] = fib[i-1] + fib[i-2]
n = random.randint(1,10)
print(fib[n])
```

    A. 1   B. 12   C. 21   D. 89

18. 下列不能产生元组 (1,2,3,4) 的是_____。

    A. t = 1,2,3,4   B. t = tuple({1:2,3:4})

    C. t = tuple((1,2,3,4))   D. t = tuple([1,2,3,4])

19. 运行结果与其他三项不同的是_____。
  A. sum([1,2,3,4])   B. sum([1,2,3],4)
  C. sum(range(4))   D. sum([1,2,3],max(3,4))

20. 设 a = [1,2,3,[1,2,3]]，此时 print(len(a)) 的输出结果是_____。
  A. 2   B. 4   C. 6   D. 语法错误

5.2 判断题

1. 列表和元组都是元素类型可以不一致的可迭代对象。（　　）

2. 列表中表示元素位置的数字叫索引，索引只能是正整数。（　　）

3. 长度为 n 的列表中，最后一个元素的索引可以写为 n − 1，也可以写为 − 1。（　　）

4. 在 Python 中，a = [1,2,3,None,(),[],] 是合法的语句。列表的元素类型可以不一致，末尾允许有 1 个逗号，此逗号被忽略而非视为空元素，空元素需要用 None 表示、空字符串用"表示。（　　）

5. 代码 print([1,3,5,7,9][2]) 的输出结果是 5。（　　）

6. 假设有列表 a，要求从列表 a 中每 3 个元素取 1 个（间隔 2 个元素）构成列表 b，可以使用语句 b = a[::2]。（　　）

7. 不给定参数的情况下，lst1.pop() 的功能是删除列表 lst1 的最后一个元素。（　　）

8. 列表的 remove 方法删除首次出现的指定元素，如果指定的元素不存在则返回 − 1。（　　）

9. 列表的 clear 方法的功能是删除本列表。（　　）

10. sorted 函数的功能是对列表进行原地排序。（　　）

11. lst1.sort() 的功能是对列表 lst1 进行升序排序。（　　）

12. 列表支持"＋"和"∗"两种运算，作为操作数的列表本身并不改变。（　　）

13. lst1 = list(range(0,20,2)) 执行后，列表 lst1 中最大的元素是 20。（　　）

14. lst1 = list(range(20,0,−2)) 执行后，列表 lst1 中最后一个元素是 2。（　　）

15. lst1 = list(range(20,10,2)) 执行后，列表 lst1 的长度是 5。（　　）

16. 表达式 len([i + 5 for i in range(20)]) 的值是 20。（　　）

17. 在 Python 中，字符串和元组都是不可变序列。（　　）

18. 在 Python 中，元组元素的值不可变，但元素的个数是可变的。（　　）

19. 作为可迭代对象，列表可以作为 sum 函数的唯一参数或第一个参数，例如 sum([2,4,6,8])、sum([2,4,6],8) 都是合法的；但不能作为第二个参数，例如 sum(2,[4,6,8])、sum([2,4],[6,8]) 都是错误的。（　　）

20. 元组没有 sort 方法，但可以使用 sorted() 函数进行排序，设 tup = ("Python"," Java","VB. NET","C ++","R")，则表达式 sorted(tup)[0] 的结果是"C ++"。（　　）

5.3 操作题

1. 列表排序。编写程序，生成包含 10 个随机的两位正整数的列表并输出；将列表中前 5 个元素升序排序，后 5 个元素降序排序；输出排序后的列表。运行示例如下（由于是随机数，每次的运行结果不同）：

```
排序前:[64,16,11,70,24,42,53,77,44,79]
排序后:[11,16,24,64,70,79,77,53,44,42]
```

2. 列表推导式。已知 list1 = [1,3,5,7,9]，list2 = [1,2,3,4,5]，利用列表推导式将 list1 和 list2 进行合并。把两个列表的公共元素（交集）放入 list3 中输出，删重后的并集放入 list4 中输出，只属于 list1 或 list2 的元素（对称差）放入 list5 中输出。运行示例如下：

```
交　集:[1,3,5]
并　集:[1,3,5,7,9,2,4]
对称差:[7,9,2,4]
```

3. 获取仿真数据。利用 random 库随机生成两个各包含 1000 个整型仿真样本数据的列表 list1 和 list2。list1 中的样本数据符合 [0,100] 内的均匀分布；list2 中的样本数据符合均值(mean，记为 μ)为 50、标准差(standard deviation，记为 σ) 为 12.5 的正态分布。分别输出 list1、list2 中的最小值、最大值、均值，范围在 [25,75] 间的数据个数和所占比例，体会不同类型样本数据的分布情况。说明：仿真数据量越多越符合分布规律曲线；正态分布中 95% 的样本数据位于 $\mu \pm 2\sigma$ 区间内。运行示例如下（由于是随机数，每次的运行结果不同）：

```
0~100 间的 1000 个均匀分布的随机数中 25~75 间有 488 个，占比 48.80%
1000 个均值为 50、标准差为 12.5 的正态分布随机数中 25~75 间有 488 个，占比 95.40%
```

4. 斐波那契数列。斐波那契数列又称兔子数列、黄金分割数列，特点是前两项为 1、1，从第三项开始每项为前两项的和，即 1、1、2、3、5、8、……。利用列表求：①斐波那契数列的前 15 项；②斐波那契数列中 1000 以内的项。

运行示例如下：

```
数列的前 15 项:[1,1,2,3,5,8,13,21,34,55,89,144,233,377,610]
1000 以内的项:[1,1,2,3,5,8,13,21,34,55,89,144,233,377,610,987]
```

5. 英文缩略词。缩略词（acronym）是由短语中每个单词的首字母以大写形式构成的新词，例如 "random access memory" 的缩略词是 RAM。编写程序由用户输入一个英文短语，输出其缩略词。尽量尝试用列表推导式来实现。运行示例如下：

```
请输入一个英文短语：central processing unit
central processing unit 的缩略词是 CPU
```

6. 列表高级排序。文件"实验动物.txt"中是药理学实验中常用的实验动物。编写程序读取这些实验动物名称并存放到列表 lstOriginal 中。

1）将这个列表复制到 lstSorted1 中，对新列表按动物名称的长度升序排序。

2）将这个列表复制到 lstSorted2 中，对新列表按动物名称降序排序（忽略大小写）。

完毕输出这三个列表。运行示例如下：

```
原始顺序['Rat','mice','Guinea pig','rabbit','beagle dogs','frog','Monkey']
按名称长度升序['Rat','mice','frog','rabbit','Monkey','Guinea pig','beagle dogs']
按字母降序(忽略大小写)['Rat','rabbit','Monkey','mice','Guinea pig','frog','beagle dogs']
```

7. 航天员年龄。文件"中国历次执行航天任务的英雄年龄（含假人）.txt"中给出的是截至 2024.10.01，我国登陆太空的所有航天英雄们执行航天任务时的年龄，神舟八号飞行员的信息写的是"假人"。编写程序读取这些年龄（忽略非数值行），存放于列表 lstAges[] 中，并输出最大、最小和平均年龄。运行示例如下：

```
最大年龄为 57 岁
最小年龄为 33 岁
平均年龄为 43.9 岁
```

8. 航天员姓名。文件"中国历次执行航天任务的英雄名单．txt"中给出的是从 2003.10.15 杨利伟执行首次执行神舟五号载人航天任务，到 2024.4.25 神舟十八号载人航天任务，期间执行这十三次任务（神舟八号是假人测试）的航天英雄名单。每个航天任务一行。编写程序读取这些姓名，存放于列表 lstNames 中（不去重），并输出杨利伟、刘洋、聂海胜、景海鹏四人执行航天任务的次数。运行示例如下：

```
杨利伟执行了 1 次航天任务
刘洋执行了 2 次航天任务
聂海胜执行了 3 次航天任务
景海鹏执行了 4 次航天任务
```

9. 成绩分段统计。随机产生 1000 个期末成绩放入数组 scores 中。统计最高、最低、平均分，以及 ≤59、60~69、70~79、80~89、90~100 各分数段的人数。要求：

1）仿真数据符合均值为 85、标准差为 8 的正态分布，且均为整数；

2）为了后续验证时实验数据可重现，要求以 2024 为种子值；

3）为了分布的真实性，将 >100 和 <0 的随机数丢弃重新生成（而非视为 100 和 0）。

运行示例如下（由于采用了指定的种子值，因此结果是固定的）：

```
最高分 100，最低分 62，平均分 85.01
0~59 分有 0 个
60~69 分有 27 个
70~79 分有 201 个
80~89 分有 475 个
90~100 分有 297 个
```

10. 英文字母频次统计。由用户录入一个英文句子，统计每个英文字母出现的次数（非英文字母不统计，不区分大小写）。运行示例如下：

```
请输入一个英文句子：I love China.
字母 A 出现了 1 次
字母 C 出现了 1 次
字母 E 出现了 1 次
字母 H 出现了 1 次
字母 I 出现了 2 次
字母 L 出现了 1 次
字母 N 出现了 1 次
字母 O 出现了 1 次
字母 V 出现了 1 次
```

11. 复杂列表排序。药物治疗疾病通常是该药物成分作用于某些靶点（通常为蛋白质），在这些靶点间传递信息的路径称为通路，通常几条通路联合对某种疾病起到治疗作用。药物成分、靶点、通路之间存在着多对多的复杂网络关系：一个药物成分作用于多个靶点、一个靶点受多个药物成分的影响、一个通路包含多个靶点、一个靶点可能隶属于多个通路。以下列表中每个元素为一个元组，元组中的第 1 个元素为靶点（target），第 2 个元素为该靶点所隶属的通路（pathway）。见素材文件 pathway.txt。

PW = [("GSK3B","hsa01521"), ("MMP1","hsa04657"), ("EGFR","hsa04657"), ("TBP","hsa04657"),
　　　　("AXL","hsa01521"), ("EGFR","hsa01521")]

编程实现以下功能。

1）将列表 PW 中的元素按照所属的 pathway 进行升序排序（pathway 相同时按 target 排序）、输出。

2）将所有的 target 信息提取出来，存入列表 lst_target 中，降序排序、输出。

运行示例如下：

[('AXL','hsa01521'), ('EGFR','hsa01521'), ('GSK3B','hsa01521'), ('EGFR','hsa04657'), ('MMP1','hsa04657'),
('TBP','hsa04657')]

['TBP','MMP1','GSK3B','EGFR','EGFR','AXL']

12. 寻找真相。某数学竞赛，A、B、C、D、E 五名同学分别获得前五名（无并列），询问他们的名次，分别回答：

A：第二名是 D，第三名是 B；

B：第二名是 C，第四名是 E；

C：第一名是 E，第五名是 A；

D：第三名是 C，第四名是 A；

E：第二名是 B，第五名是 D。

他们都只说对了一半。编程判断各选手的真实名次。运行示例如下（次数不固定）：

提示：可以假设一个获奖顺序，检查其是否满足条件；不满足条件时，利用 shuffle 方法获取这五名选手的新顺序，再进行检查；如此反复，直到新顺序满足条件。

从第 1 名到第 5 名各位选手的获奖顺序为 ['E','C','B','A','D']
尝试猜测的次数为 53

13. 找素数。编写程序，找出 100 以内的所有素数，将其保存在列表 prime 中输出。

运行示例如下：

[2,3,5,7,11,13,17,19,23,29,31,37,41,43,47,53,59,61,67,71,73,79,83,89,97]

14. 身份证号码合法性校验 Step3。编写程序，实现以下功能。

1）身份证号码录入。

2）长度检查。如果不是 18 位则报错。

3）字符类型检查。前 17 位只能是阿拉伯数字、最后 1 位只能是阿拉伯数字或英文字母 x（大小写均可）。

4）日期检查。年龄限定在 0~150 岁、日期格式必须合理。

5）校验位检查。最后 1 位必须与前 17 位的校验码一致。

6）以上检查有误，报告对应的错误；检查都通过，报告"这是出生于 xxxx 年 xx 月 xx 日的 x 性"。

提示：

1）倒数第 2 位是奇数表示男性、偶数表示女性。

2）第二代身份证的第 18 位是前 17 位的校验码，校验码的计算方法演示如下：

	地区码						出生日期									流水码			校验码
身份证号码	2	1	0	1	0	3	2	0	0	4	0	5	2	1	1	6	3		2
各位的权重（定值）	7	9	10	5	8	4	2	1	6	3	7	9	10	5	8	4	2		

加权和（S）	$S = 2*7 + 1*9 + 0*10 + 1*5 + 0*8 + 3*4 + 2*2 + 0*1 + 0*6 + 4*3 + 0*7 + 5*9 + 2*10 + 1*5 + 1*8 + 6*4 + 3*2 = 164$
S%11 的余数	$164\%11 = 10$ 即 $164 \div 11 = 14$ 余 10

余数与校验码的 对应关系（定值）	余　数	0	1	2	3	4	5	6	7	8	9	10
	校验码	1	0	x	9	8	7	6	5	4	3	2

运行示例如下：

```
请输入您的身份证号码：21010320040521168
身份证号码长度应为 18 位
请输入您的身份证号码：21010320040521168A
身份证号码最后一位应为数字或字母 X
请输入您的身份证号码：2B0103200405211683
身份证号码前 17 位应为数字
请输入您的身份证号码：21010320440521 1683
出生年份录入错误
请输入您的身份证号码：21010320041521 1683
月份录入错误
请输入您的身份证号码：21010320040231 1683
日录入错误
请输入您的身份证号码：21010320040521 1685
此身份证号码不符合校验规则！
请输入您的身份证号码：21010320040521 1683
该身份证号码合法，这是出生于 2004 年 5 月 21 日的女性
```

参考答案

5.1 选择题

1. C	2. D	3. C	4. B	5. D	6. A	7. D	8. B	9. C	10. A
11. D	12. C	13. A	14. A	15. A	16. B	17. B	18. B	19. C	20. B

5.2 判断题

1. T	2. F	3. T	4. T	5. T	6. F	7. T	8. F	9. F	10. F
11. T	12. T	13. F	14. T	15. F	16. T	17. T	18. F	19. T	20. T

第6章　字典与集合

6.1 选择题

1. Python 规定字典中的键只能是无重复的不可变数据类型，下面能正确生成字典的是_____。

    A. d = {(1,5):2,(3,4):3,(1,4):2}

    B. d = {[1,5]:2,[3,4]:3,[1,4]:2}

    C. d = {"张鹏":20,"李清":19,"张鹏":21}

    D. 以上均可以

2. 字典 phonebook = {"Alice":"2431","Beth":"9102","Cecil":"3258"}，以下选项可以修改该字典内容的是_____。

    A. phonebook. append('Beth')   B. phonebook. get('Beth') = "2076"

    C. phonebook['Beth'] = "2076"   D. phonebook ['Beth']

3. 如下程序，运行的结果是_____。

    dict = {"Name":"Jiang Peng","Sex":'Male',"Age":20,"Height":182}

    t = dict. get('Weight', −1)

    print(t)

    A. 20   B. 182   C. −1   D. 程序报错

4. 如下程序，运行的结果是_____。

    data = {"title":"My Home Page","text":"Welcome to my home page!"}

    del data

    print(data)

    A. {"title":"My Home Page","text":"Welcome to my home page!"}

    B. {"text":"Welcome to my home page!"}

    C. {}

    D. 程序报错

5. 以下选项的执行结果是删除字典 data 所有元素的是_____。

    A. data. clear()   B. del data[]   C. del data[:]   D. del data

6. 如下程序，运行的结果是_____。

    d = {}

    d['name'] = 'CY'

    d['age'] = 23

    print(d)

    A. {'name','age'}   B. {'name','CY','age',23}

    C. ['name','CY','age',23]   D. {'name':'CY','age':23}

7. 如下程序，运行的结果是_____。

    x = {}

```
y = x. copy()
x['Age'] = 18
print(y)
```

    A. {'Age':18}   B. {'Age',18}   C. {}   D. 程序报错

8. 以下可以正确定义一个集合对象的是_____。

    A. x = {200,'flg',20. 3}   B. x = (200,'flg',20. 3)

    C. x = [200,'flg',20. 3]   D. x = {'flg':20. 3}

9. 如下程序，运行的结果是_____。

```
x = {}
print(type(x))
```

    A. < class 'set' >   B. < class 'dict' >

    C. < class 'bool' >   D. < class 'complex' >

10. 将文章中的单词保存在列表 lstWords 中，定义字典变量 dicCounts = {}，利用"for word in lstWords:"对该列表进行遍历，下列选项可以在循环体内实现统计各单词出现次数的是_____。

    A. dicCounts[lstWords] += 1

    B. dicCounts[word] += 1

    C. dicCounts[word] = dicCounts. get(word,1) + 1

    D. dicCounts[word] = dicCounts. get(word,0) + 1

11. 字典 DicColors = {"seashell":"海贝色","gold":"金色","pink":"粉红色"}，以下选项中能输出"海贝色"的是_____。

    A. print(DicColors. keys())

    B. print(DicColors. values())

    C. print(DicColors["seashell"])

    D. print(DicColors["海贝色"])

12. 如下程序，运行的结果是_____。

```
d = {"zhang":"China","Jone":"America","Natan":"Japan"}
for k in d. items():
    print(k,end = " ")
```

    A. China America Japan

    B. ('zhang','China') ('Jone','America') ('Natan','Japan')

    C. 'zhang' 'Jone' 'Natan'

    D. 'China' 'America' 'Japan'

13. 以下关于字典的描述，正确的是_____。

    A. 字典中"键值对"里的"值"还可以是字典类型

    B. 在 for x in dicAges 的循环体中，x 表示字典中的"键值对"

    C. 字典中的键可以是列表也可以是字符串或数值

    D. 同一个字典里各"键值对"中的"值"不可以重复

14. 如下程序，运行的结果是_____。

```
d = {"zhang":"China","Jone":"America","Natan":"Japan"}
print(max(d),min(d))
```

  A. Japan America   B. zhang：China Jone：America

  C. China America   D. zhang Jone

15. 字典 d = {'Name':'Kate','No':'1001','Age':'20'}，表达式 len(d) 的值为_____。

  A. 3   B. 6   C. 9   D. 12

16. 如下程序，运行的结果是_____。

```
s = set("banana")
t = sorted(s)
for i in t:
      print(i, end ='')
```

  A. banana   B. ananab   C. aaabnn   D. abn

17. 以下程序的功能是_____。

```
import random
s = set([])
for i in range(int(input('N:'))):
      s. add(random. randint(1,1000))
print(sorted(s))
```

  A. 随机生成 n 个 1~999 的随机数并排序、输出

  B. 随机生成 n 个 1~1000 的随机数并排序、输出

  C. 随机生成 n 个 1~999 的随机数并去重、排序、输出

  D. 随机生成 n 个 1~1000 的随机数并去重、排序、输出

18. 如下程序，运行的结果是_____。

```
list1 = [1,1,1,23,3,4,4]
newList = list(set(list1))
newList. sort()
print(newList[::-1])
```

  A. [1,1,1,23,3,4,4]   B. [1,3,4,23]

  C. [1,1,1,3,4,4,23]   D. [23,4,3,1]

19. 如下程序，运行的结果是_____。

```
A = {1,2,3,4,5}
B = {4,5,6,7,8}
print(A^B)
```

  A. {1,2,3}   B. {4,5}

  C. {1,2,3,6,7,8}   D. {1,2,3,4,5,6,7,8}

20. 如下程序，运行的结果是_____。

```
dict1 = {'No':'240102','Name':'Zhao Yang','Age':19}
dict2 = {'Sex':'Male','Age':'20'}
dict1. update(dict2)
print(dict1)
```

  A. {'No':'240102','Name':'Zhao Yang','Age':20,'Sex':'Male'}

  B. {'No':'240102','Name':'Zhao Yang','Age':20}

C. ｛'Age':20｝

D. 程序报错

6.2 判断题

1. 列表和元组中的索引是元素的位置序号，字典中的索引是键值对中的键。（　　）

2. 集合的 pop() 方法删除集合中的最后一个元素，并返回该元素的值。（　　）

3. dicStu. clear() 的功能是将字典 dicStu 删除。（　　）

4. 字典是无序的，其本身没有 sort() 方法。（　　）

5. 一个字典中不允许出现相同的 key，不同的 key 可以拥有相同的 value。（　　）

6. 字典中的键必须是不可变类型，元组和列表都可以作为字典中的键。（　　）

7. 字典中的键添加后不能修改，只能删除整个键值对后重新添加。（　　）

8. sorted() 函数可以对字典进行原地排序操作。（　　）

9. 字典的 values() 方法可以返回所有键值对中的值。（　　）

10. 从 Python3.7 版开始，字典中 popitem() 方法的功能更改为删除最后一个键值对，并返回该键值对的值。（　　）

11. 在字典操作中，del 命令可以根据给定的 key 值删除指定的键值对，也可以根据字典名删除该字典对象。（　　）

12. dict1. update(dict2) 可以将字典 dict2 中的所有键值对添加到 dict1 中，对于相同 key 值的键值对以 dict2 中的 value 为准进行更新。（　　）

13. 求集合 A、B 的交集，使用运算符书写的表达式为 A|B。（　　）

14. A. symmetric_difference(B) 功能是用集合的方法求 A、B 的对称差集。（　　）

15. 组成集合的元素必须是可变类型，如列表。（　　）

6.3 操作题

1. 字典的增删改查。利用字典｛"大鼠":60,"小鼠":100,"豚鼠":50,"狗":30｝记录每种实验动物的数量，完成下面的增、删、改、查操作。

1）添加新的键值对 ""兔":20"。

2）删除 "狗" 对应的键值对。

3）修改 "小鼠" 的数量为 120。

4）输出 "豚鼠" 的数量。

5）输出调整后的字典，并统计共有多少只实验动物。

2. 简易身份认证。编写程序，实现以下功能。

1）创建字典，存放表 6-1 所示的所有注册账号的用户名和密码。

表 6-1　注册账号

用户名	密码
Mike	123
Marry	456
Tom	789

2）提示用户输入用户名和密码。

3）对用户输入的用户名和密码进行判断，并给出相应的提示：

➤ 若用户名不存在，则提示"该用户不存在！"

➤ 若该用户的密码错误，则提示"密码不正确！"

➤ 若用户名和密码均正确，则提示"身份验证成功！"

3. 人员频次统计。文件"中国历次执行航天任务的英雄名单 . txt"中是截至 2024.04.25 我国执行历次载人航天任务的航天英雄名单（35 人次），如图 6-1 所示。编写程序，创建以姓名为 key、执行任务次数为 value 的字典 dicHeros，基于该字典完成以下任务。

1）统计共有多少位航天英雄。

2）输出每位航天英雄执行任务的次数。

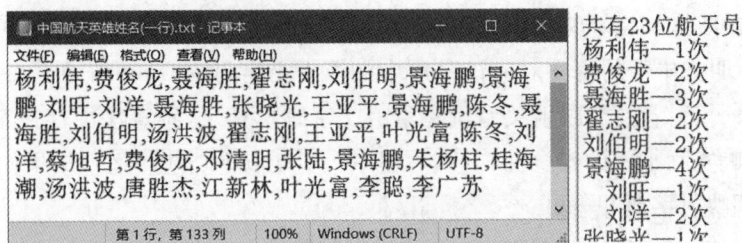

图 6-1　中国历次执行航天任务的英雄名单

4. 字典的排序和统计。表 6-2 是某药店促销药品的价目一览表。编写程序，实现以下功能。

表 6-2　促销药品价目表

药品名称	单价（元）
胖大海	88.00
柴胡	77.20
半夏	16.80
王不留行	10.57

1）用字典存放表中的药品信息（药品名为 key，单价为 value）。

2）按以下形式降序输出这些促销药品的价目表。

3）输出所有促销药品的平均单价。

4）输出单价最高的促销药品名称及其价格。

胖大海 ……　88.00 元

柴胡 ……　77.20 元

半夏 ……　16.80 元

王不留行 ……　10.57 元

所有促销药品的平均单价是 48.14 元。

最贵的促销药品是胖大海，单价是 88.00 元。

5. 字典的合并与排序。文件 priceA. txt、priceB. txt 中分别存放的是药房 A 和药房 B 的药品单价信息。药房 A 收购了药房 B，要求两个药房里相同药品的价格以药房 A 为准，药房 B 特有的药品保持原价。编写程序，从两个文件中读取药品的单价信息，分别存储于字典中，利用字典的 update 方法对两个药房的药品信息进行合并。将合并结果按药品名称长度降序输出，要求药品名称和单价均左对齐，如图 6-2 所示。

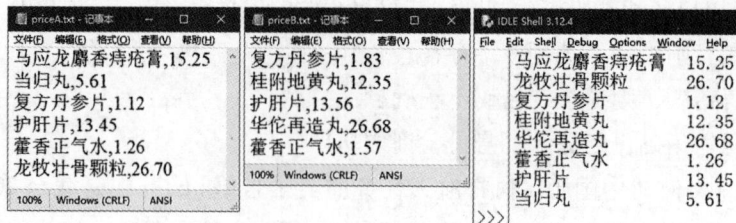

图 6-2　字典的合并与排序

6. 改进的凯撒加密。经典的凯撒加密算法是将原文中的每个字母（明文）替换为字母表中该字母后面的第 n 个字母（密文），n 称为凯撒密码。由于凯撒密码只有 25 种，因此其原理被泄露后就失去实际应用价值了。改进的凯撒加密算法是生成 26 个英文字母的随机乱序（有 4.03×10^{26} 种可能），随机取某个乱序 lstDisorder，明文中 a 的密文对应该乱序中的第 1 个字母 lstDisorder[0]、b 对应 lstDisorder[1]、……、z 对应 lstDisorder[25]，这个映射关系就是秘钥（密码本）。这种算法中存在某个字母的明文和密文相同的情况（不影响实际加密的安全性）。编写程序，实现以下功能，运行结果如图 6-3 所示。

1）随机生成秘钥映射字典并输出。

2）用户输入一个英文句子，利用映射字典将明文转换为密文并输出。只加密 26 个英文字母、忽略大小写（统一转换为小写）。

图 6-3　改进的凯撒加密

7. 字符频次统计。编写程序，利用字典统计文件 Robinson Crusoe.txt 中每个英文字母的出现频次（不区分大小写，只统计 26 个英文字母），统计结果按出现频次降序排序输出，如图 6-4 所示。

实际意义：在改进的凯撒加密算法中，理论上有海量的潜在秘钥映射（密码本），如果进行简单地暴力破解在超级计算机问世之前几乎是不可能的。根据上面的统计结果可知每个英文字母的实际使用频率差异很大，因此实际谍战工作中只要收集了足够多的密文信息，就可以根据每个密文字母的出现频次大致知道其可能对应的明文是哪些，从而大大减少可能的秘钥映射数量，加快破译进程。

字母e出现54771次
字母t出现46741次
字母a出现39670次
字母o出现38701次
字母i出现33088次
字母⋯出现33017次
节省版面省略
字母⋯出现⋯次
字母j出现366次
字母q出现326次
字母z出现237次

图 6-4　字符频次统计

8. 不重复的随机数。某厂家每个月生产紫外线消毒照射灯 1000 个，质检部要求抽取 1% 的样本进行抽检。为了保证抽检样本的随机性，要求编写程序从 1~1000 中随机产生 10 个均匀分布的不重复的随机数。

9. 编写程序，对某高校运动会的运动员信息进行统计分析。

1）使用集合变量 setHighJump、set100、set10000 分别存储参加跳高、百米和万米比赛的运动员编号，如表 6-5 所示。

2）统计参加这三项比赛的选手共有几人（用于决定准备室的大小，需要删重），以升序输出其运动员编号。

3）统计同时参加百米和万米比赛的运动员编号并输出（全能型跑步选手）。

4）统计只善于短跑或只善于长跑的运动员编号。

5）分别统计只善于短跑的运动员编号和只善于长跑的运动员编号。

表 6-5 运动员信息表

运动员编号（跳高）	运动员编号（百米）	运动员编号（万米）
1003	1001	1004
1004	1002	1005
1005	1003	1006
1009	1004	1007
	1005	1008

10. 组合值字典。文件"stuNo. txt""stuName. txt""stuMark. txt"分别按顺序存放着五名学生的学号、姓名、成绩。编写程序构建字典 dicStudent 并输出，该字典中的键为学号，值为姓名和成绩构成的列表。基于此字典按照成绩的降序输出这五名同学的信息，如图 6-5 所示。

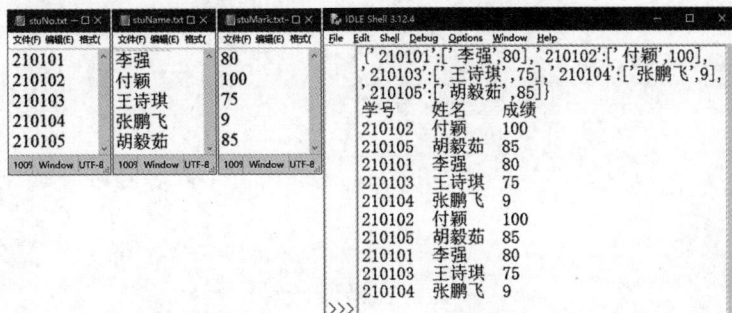

图 6-5 组合值字典的构造和排序

11. 组合键字典。"中国历次执行航天任务的英雄姓名 . txt""中国历次执行航天任务的英雄年龄 . txt""中国历次执行航天任务的任务名称 . txt"三个文件中分别存放截至 2024 年 04 月 25 日神舟十八号成功发射，我国执行历次载人航天任务的航天英雄的姓名、执行任务时的年龄、执行的任务名称。编写程序，构建一个以元组（姓名，年龄）为键、任务为值的字典 dicTask，基于此字典实现以下功能，结果如图 6-6 所示。

1）输出这个组合键字典。

2）检索并输出执行神舟十三号任务的航天英雄团队的名单。

3）景海鹏执行过几次航天任务？分别是哪些任务？

4）聂海胜 57 岁时执行的航天任务是哪个？

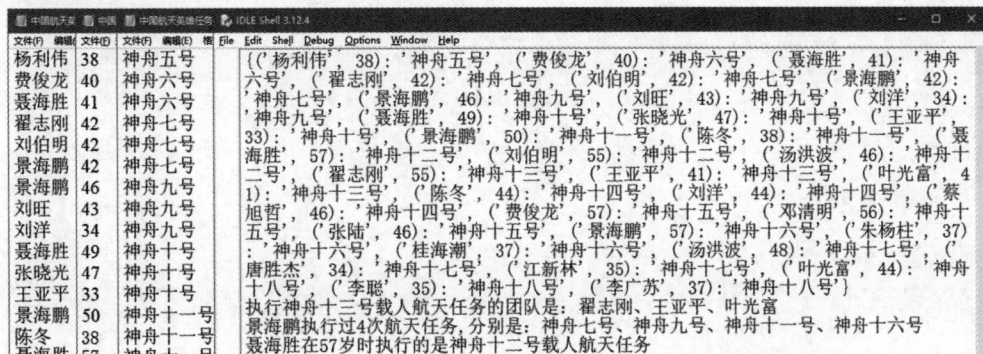

图 6-6 组合键字典

参考答案

6.1 选择题

1. A　2. C　3. C　4. D　5. A　6. D　7. C　8. A　9. B　10. D

11. C　12. B　13. A　14. D　15. A　16. D　17. D　18. D　19. C　20. A

6.2 判断题

1. T　2. F　3. F　4. T　5. T　6. F　7. T　8. F　9. T　10. T

11. T　12. T　13. F　14. T　15. F

第7章 函 数

7.1 选择题

1. 函数由函数头和_____构成。
  A. 参数　　　　　　　B. 返回值　　　　　　C. 函数体　　　　　D. 尾部语句
2. 以下名称不能作为函数名的是_____。
  A. speed100　　　　　B. _aver　　　　　　C. isTrue　　　　　D. if
3. 定义函数时，无论是否需要参数函数名后面都必须有_____。
  A. ()　　　　　　　　B. []　　　　　　　　C. {}　　　　　　　D. <>
4. 如果函数有返回值，需使用_____语句。
  A. back　　　　　　　B. return　　　　　　C. next　　　　　　D. define
5. 定义函数时使用的参数称为_____。
  A. 位置参数　　　　　B. 名称参数　　　　　C. 形式参数（形参）　D. 实际参数（实参）
6. 调用函数时提供的参数称为_____。
  A. 位置参数　　　　　B. 名称参数　　　　　C. 形式参数（形参）　D. 实际参数（实参）
7. 如果希望调用函数时只给其中的部分参数赋值，在定义函数时需要将无需赋值的参数设置为__
  _____。
  A. 可变长度参数　　　B. 默认值参数　　　　C. 关键字参数　　　D. 位置参数
8. 参数按传递方式可以分为传值和传址，当用列表或字典作为参数时，需要采用_____方式。
  A. 传值　　　　　　　B. 传址　　　　　　　C. A 和 B 都可以　　D. A 和 B 都不可以
9. 默认值参数必须位于参数列表的_____。
  A. 左侧　　　　　　　B. 右侧　　　　　　　C. 中间　　　　　　D. 两侧
10. 定义函数时在某个形参前加"*"，调用该函数时对应的实参被视为_____。
  A. 元组　　　　　　　B. 列表　　　　　　　C. 字典　　　　　　D. 集合
11. 定义函数时在某个形参前加"**"，调用该函数时对应的实参被视为_____。
  A. 元组　　　　　　　B. 列表　　　　　　　C. 字典　　　　　　D. 集合
12. 在函数内使用_____关键字声明的变量是全局变量。
  A. local　　　　　　　B. partial　　　　　　C. global　　　　　D. total
13. 当局部变量和全局变量同名时，_____。
  A. 全局变量屏蔽局部变量　　　　　　　　　B. 局部变量屏蔽全局变量
  C. 它们同时有效　　　　　　　　　　　　　D. 它们同时无效
14. 匿名函数是利用_____关键字定义的简化的函数。
  A. def　　　　　　　　B. try　　　　　　　C. simple　　　　　D. lambda
15. 函数(lambda a,b:a**2+b**2)(2,3)的值是_____。
  A. 5　　　　　　　　　B. 6　　　　　　　　C. 11　　　　　　　D. 13

16. 以下程序运行的结果是_____。

```
lst1 = ['A','B']
lst2 = ['C']
def fun(list1,list2):
      list1. extend(list2)
fun(lst1,lst2)
print(lst1)
```

  A. ['A','B','C']   B. ['A','B',['C']]

  C. ['ABC']   D. 实参和形参不一致报错

17. 以下程序的运行结果是_____。

```
def Join(lst,sep =','):
      return sep. join(lst)
print(Join(['a','b','c'],''))
```

  A. 'abc'   B. 'a,b,c'   C. 'a b c'   D. 出错

18. 以下程序的运行结果是_____。

```
def sumfun(a,b =3,c =5):
      return sum([a,b,c])
print(sumfun(a =8,c =2))
```

  A. 8   B. 10   C. 13   D. 出错

19. 以下程序的运行结果是_____。

```
defsumfun(*p):
      return sum(p)
print(sumfun(3,5,7))
```

  A. 8   B. 10   C. 13   D. 15

20. 以下程序的运行结果是_____。

```
x = 10
def fun():
      global x
      print(x)
      x = 100
print(x)
fun()
print(x)
```

  A. 10   B. 10   C. 10   D. 10

   100   10   10   100

                  100   100

7.2 判断题

1. 函数名的命名规则与变量的命名规则相同。( )

2. 定义函数时，头部语句必须以冒号结束。( )

3. 定义无参数函数时，可以省略函数名后面的圆括号。（ ）

4. 函数可以没有参数，也可以只有一个参数，或有多个参数。（ ）

5. 函数可以利用多个 return 语句返回多个返回值。（ ）

6. 函数一定有参数、必须有返回值。（ ）

7. 定义函数时，必须以 end funciton 语句结束。（ ）

8. 函数如果有多个参数，各参数之间需要以英文逗号分隔。（ ）

9. 在 Python 的程序中使用任意函数之前，要么先定义该函数要么先导入该函数所隶属的库，才可以使用。（ ）

10. 调用函数时如果该函数有参数，必须使用"形参名 = 实参"的格式。（ ）

11. 调用函数时，实参通过形参传递到函数内部。（ ）

12. 在调用具有默认值参数的函数时，既可以为这些默认参数赋值，也可以忽略不写使用其默认值。（ ）

13. 默认值参数在定义函数时必须放在形参列表中所有正常参数的右侧。（ ）

14. 在函数外部定义的变量称为局部变量。（ ）

15. 定义函数时可以调用函数自身，这样的函数称为递归函数。（ ）

7.3 操作题

1. 闰年判断。编写程序输出 1901—2000 年中的所有闰年。要求用函数 leapyear(n) 判断年份 n 是否为闰年；每行输出 5 个闰年。

2. 水仙花数判断。编写程序输出三位正整数中的所有水仙花数。水仙花数是一个三位的正整数，其每位上数字的立方之和等于这个数本身。要求用函数 sxh(n) 判断 n 是否为水仙花数。提示：参考结果为 153、370、371、407。

3. 完全数判断。编写程序输出 10000 以内的所有完全数（perfect number）。完全数指其所有真因子（除本数之外的约数）之和等于这个数本身的自然数，例如 6 = 1 + 2 + 3。要求用函数 isPN(n) 判断 n 是否为完全数。参考结果为 6、28、496、8128。

4. 列表返回值函数。编写程序对用户输入的句子中各种字符的数量（char number）进行统计、输出。要求用函数 CharNum(s) 实现对字符串 s 的统计，该函数的返回值为 1 个列表，该列表的四个元素依次为字符串 s 中的字符总数（字符串 s 的长度）、大写字母的数量、小写字母的数量、数字的数量。

例如，当 s = "I love 歼-20." 时，列表中的四个元素分别为 12、1、4、2。

5. 素数操作。编写程序实现以下功能，要求素数判断利用函数 isprime() 实现。

1）输出 100 以内的所有孪生素数。孪生素数指差值为 2 的两个相邻素数对，例如 3 和 5、5 和 7、11 和 13 等。

2）尝试将 [4,20] 间的所有偶数分解为两个素数（质数）的和。当存在多种组合时（例如 16 = 3 + 13，16 = 5 + 11）只输出一种组合，能够达到证明哥德巴赫猜想"任何一个大于 2 的偶数都可以写成两个质数的和"之目的即可。

6. 三角形面积。编写函数 TriangleArea(a,b,c) 返回边长为 a、b、c 的三角形面积（结果不限制小数位数），若给定的三条边构不成三角形则返回 -1。主调过程由用户输入三条边长，调用该函数，并输出计算结果（保留 2 位小数）。

7. 真正的四舍五入。Python 语言提供了四舍五入功能的函数 round(x,n)，但其结果保留 0 位小数时对于点五的情况采用"奇进偶不进"的原则，例如 round(1.5) = 2，round(2.5) = 2；结果保留小数位时对于点五的情况没有明确规则，例如 round(3.45,1) = 3.5，round(3.65,1) = 3.6；这在实际工作中没有应用意义。编写函数 realround(m,n) 实现真正的四舍五入功能，将 m 四舍五入为保留 n 位小数的结果，当参数 n 省略时保留 0 位。即 realround(1.5) = 2, realround(2.5) = 3, realround(3.65,1) = 3.7, realround(1.345,2) = 1.35。提示：求解思路为 int(m * (10 ** n) + 0.5)/(10 ** n)。

8. 数值型字符串判断。Python 提供了几种数值型字符串的判断方法，例如 str. isdecimal ()、str. isnumeric()、str. isdigit()等，但它们都不能识别小数点和负号（例如 1.23,-8.5），因此没有实际应用价值。例如无法判断用户录入的身高（米）、气温是否为数值类型。编写函数 isnumber(s) 返回 s 是否为数值型字符串。如果 s 中最左侧只有 1 个可选的负号、最多只有 1 个小数点、其余都是阿拉伯数字（0~9），s 就是数值型字符串，即 float(s) 可以将 s 转换为数值。

9. 按指定参数绘制五角星。编写函数 star(x,y,r,a)，功能是利用 turtle 库绘制以(x,y)为圆心、r 为外接圆半径、将正五角星逆时针方向旋转 a 度（单位是度不是弧度）的五角星。主调过程中由用户输入中心坐标、外接圆半径、逆时针旋转角度（不是弧度），调用该函数按照指定的参数绘制五角星，结果如图 7-1 所示，左侧为绘制五角星的辅助信息，右侧为以(0,0)为中心、100 为外接圆半径、逆时针旋转 45°的绘图结果（x 轴、y 轴、外接圆是帮助理解而添加的，同学们无需绘制）。提示：由于 Python3. 12. x 的 bug，绘制出的五角星中心区域不能填充，请使用其他版本。

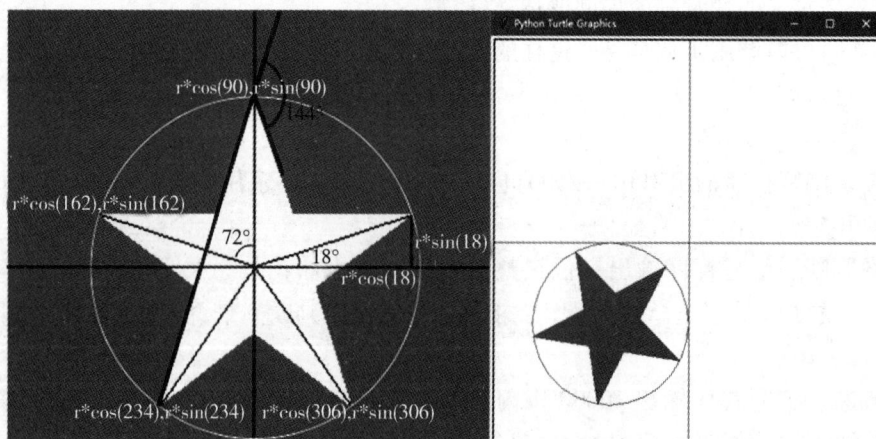

图 7-1　绘制指定参数的五角星

10. 用 lambda 函数对字典排序。文件"中国历次执行航天任务的英雄名单.txt"中是截至 2024.04.25 我国参加历次载人航天任务的航天员姓名。编写程序，利用字典 dicNames 统计每位航天员执行航天任务的次数，利用 lambda 函数按照次数降序对字典进行排序。输出以下内容。

1）共有多少位航天员执行过载人航天任务。

2）每位航天员执行过的航天任务的次数（降序显示）。

参考答案

7.1 选择题

1. C   2. D   3. A   4. B   5. C   6. D   7. B   8. B   9. B   10. A
11. C   12. C   13. B   14. D   15. D   16. A   17. C   18. C   19. D   20. C

7.2 判断题

1. T   2. T   3. F   4. T   5. F   6. F   7. F   8. T   9. F   10. F
11. T   12. T   13. T   14. F   15. T

第8章　数据文件与异常处理

8.1 选择题

1. _____是用来组织和管理一组相关数据的，_____是用来组织和管理一组相关文件的。
   A. 目录、文件　　　B. 文件夹、文件　　　C. 文件、文件夹　　　D. 目录、文件夹

2. _____是从当前工作目录开始描述文件的保存位置。
   A. 相对路径　　　　B. 绝对路径　　　　C. 地址　　　　　　D. 路径

3. 利用'w'或'a'模式向文件写入信息时，将内存中的数据真正写入外存文件中是调用文件对象的_____方法完成的。
   A. open()　　　　　B. closefile()　　　C. close()　　　　D. close_file()

4. write()方法和writelines()方法都可以在追加模式('a'或者'a+')下使用，追加模式写入的信息位于文件原有的_____位置。
   A. 开头　　　　　　B. 中间　　　　　　C. 末尾　　　　　　D. 任意

5. 在Python的异常处理结构中，用于捕获特定类型异常的保留字是_____。
   A. except　　　　　B. do　　　　　　　C. pass　　　　　　D. while

8.2 判断题

1. 以'r'模式打开文件时，文件必须存在，否则产生错误。（　　）

2. 以'w'模式打开不存在的文件时，会自动创建该文件。（　　）

3. 以'w'模式打开已存在的文件时，会覆盖原有内容，即首先清空原文件的内容然后再写入。（　　）

4. 以'a'模式打开不存在的文件时，系统抛出异常报错。（　　）

5. 以'a'模式打开已存在文件时，在文件末尾写入数据。（　　）

6. 'r+'模式允许对文件进行读取和写入操作，但文件必须是已存在的。（　　）

7. 使用with语句打开文件，对文件操作完毕后需要使用close()方法关闭文件以释放资源；使用open语句以'w'或'a'模式打开文件，对文件操作完毕后系统会自动执行close()操作。（　　）

8. 每次使用readline()方法会返回文件中的下一行，直到文件结束时返回空字符串""。（　　）

9. Python的异常处理机制通过try…except结构实现，用来捕获并处理在try语句块中发生的异常。（　　）

10. except关键字后如果指定了具体的异常类型，就会捕获并处理该类型的异常；如果except关键字后没有指定具体的异常类型，就会捕获所有其他未被捕获的异常并进行相应处理。（　　）

11. try…except结构中的else分支在try语句块中没有任何异常时执行。（　　）

12. csv库中的reader()函数只能识别并读取用英文逗号分隔、扩展名为csv的文件中的数据。（　　）

13. 使用csv库，文件写入对象在调用writerow()方法向文件中写入数据时，会自动在本行末尾添加换行符。（　　）

14. 在Python中，调用write()方法向以'w'模式打开的文件中写入数据时，会自动在写入内容后添加换行符。（　　）

15. 利用 csv 库中的 reader 函数可以逐行读取 CSV 文件中的数据，每行数据返回一个一维列表，利用分隔符划分开的数据序列作为列表中的元素，元素类型均为 str。（　　）

16. 访问字典中不存在的键时，系统抛出的异常错误是 IndexError。（　　）

17. 尝试访问未被赋值的变量时，系统抛出的异常错误是 SyntaxError。（　　）

18. 在 try…except 结构中，允许存在多个 except 分支。（　　）

19. 在 try…except 结构中，允许存在多个 else 分支。（　　）

20. pandas 是一个强大的数据处理和分析库，可以读取和写入多种格式的数据，如 CSV、Excel、SQL 等。（　　）

8.3 操作题

1. 成绩统计。文件 FiveGradeMarks.txt 中记录了五个等级 ['excellent','good','medium','pass','fail'] 的期末成绩数据，用字典统计每种成绩的出现次数，将文件中期末成绩的个数、每种成绩的出现次数保存到文件 result.txt 中，格式如下：

```
成绩统计结果：
总人数：实际人数
Excellent：实际人数
Good：实际人数
Medium：实际人数
Pass：实际人数
Fail：实际人数
```

2. CSV 文件的操作。文件 stuHeights.csv 中是某班同学的身高，每行为一个寝室 4 名同学的身高信息，如图 8-1 所示。利用 csv 库读取文件，存放于数值型列表 lstHeights 内，计算并输出最高的身高、最矮的身高和平均身高。

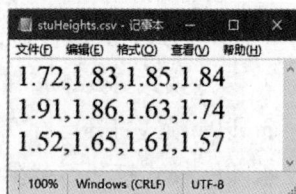

图 8-1　stuHeights.csv 文件

3. 查询航天员年龄。文件 AgeQuery.csv 中每行记录的是一位航天员的姓名、执行该任务时的年龄、任务信息。利用 csv 库读取这些信息，根据用户录入的姓名和任务，返回相应的年龄。程序的运行结果样例如下：

```
请输入航天员姓名：王亚平
请输入航天员执行的任务：神舟十三号
王亚平在执行神舟十三号航天任务时的年龄是 41 岁
>>>
请输入航天员姓名：王亚平
请输入航天员执行的任务：神舟十号
王亚平在执行神舟十号航天任务时的年龄是 33 岁
>>>
请输入航天员姓名：王亚平
请输入航天员执行的任务：神舟十二号
未找到相应的信息
```

4. 销售统计。请使用 csv 库完成本题。读取素材文件 sales_data.csv 中的数据,完成下面任务。

1) 输出前 5 行信息,用于了解数据结构。

2) 统计销售数量合计、应收总额和实收总额。

3) 筛选出销售数量大于 20 的记录。

4) 按实收金额对记录进行降序排序,并输出前 10 条记录。

5) 将排序后的结果保存到 sales_data_desc.csv 文件中。

5. 随着年龄增长,脱发成为许多人关注的健康问题之一。头发是否丰盈不仅影响外貌,还反映个体的健康状态。本实验收集了 1000 名被调查人员的相关数据(500 名有脱发症状的实验组,500 名无脱发症状的对照组),存放在文件 PredictHairFall.csv 中,它囊括了目前已知的多种可能导致脱发的因素,包括遗传因素、激素变化、医疗状况、药物治疗、营养缺乏、心理压力等。通过数据探索分析,可以深入挖掘这些因素与脱发之间的潜在关联,从而为个体健康管理、医疗干预以及相关产业的发展提供有益参考。

数据集字段说明如下。

字段	说明
Id	标识符
Genetics	是否有秃头家族史(1:是 / 0:否)
Hormonal Changes	是否经历了激素变化
Medical Conditions	可能导致秃头的病史:斑秃、甲状腺问题、头皮感染、银屑病、皮炎等
Medications & Treatments	可能导致脱发的药物治疗史:化疗、心脏药物、抗抑郁药、类固醇等
Nutritional Deficiencies	营养不足情况:铁缺乏、维生素 D 缺乏、生物素缺乏、$\Omega-3$ 脂肪酸缺乏等
Stress	压力水平
Age	年龄
Poor Hair Care Habits	是否存在不良的护发习惯
Environmental Factors	是否暴露于可能导致脱发的环境
Smoking	是否吸烟
Weight Loss	是否经历了显著的体重减轻
Hair Loss	是否脱发

通过读取数据集中的数据,统计并描述以下内容。

1) 这 1000 名被调查人员的平均年龄是多少?其年龄的分布情况如何(年龄段为 20 岁以下、20~25 岁、26~30 岁、31~40 岁、41~50 岁、50 岁以上各多少人)?

2) 统计这 1000 名被调查人员中各种医疗状况(Medical Conditions)的出现频次,以降序显示。

3) 统计有脱发(Hair Loss)症状的 500 名实验组人员中,各种医疗状况的出现频次,以降序显示。查阅资料,了解这些医疗状况的中文含义。

6. 利用异常处理编写函数。Python 提供了 isnumeric、isdecimal 等方法用于判断是否为数值型字符串,但是这些方法不能用来判断用户输入的身高(米)或存款利率等是否为数值,因为这些现有方法都不允许字符串中包含小数点和负号。若一个字符串能够被 float() 函数转换为数值,那么该字符串就是数值型字符串;如果不能转换则会抛出"ValueError"类型的异常。定义函数 isnumber(s),要求利用 float() 函数是否抛出异常来实现判断字符串 s 是否为数值型字符串的功能,结果返回 True 或 False。程序的运行结果样例如下:

```
    请输入一个数值：－1.23              请输入一个数值：－002.
    你输入的是数值 －1.23               你输入的是数值 －2.0
>>>                                 >>>
    请输入一个数值：002               请输入一个数值：.－123
    你输入的是数值 2.0                 你输入的不是数值
>>>                                 >>>
    请输入一个数值：－.002            请输入一个数值：1.23.4
    你输入的是数值 －0.002             你输入的不是数值
>>>                                 >>>
```

7. 身份证号码合法性校验 Step4。身份证号码中的前 6 位是该号码发放地的地区码，文件 District. csv 中存放的是所有地区码和对应地区名的信息。编写程序，在第 5 章身份证号码合法性校验 Step3 各种校验均通过的基础上增加地区码校验功能，如果用户录入身份证号码的前六位在文件 District. csv 中不存在就报告"地区码错误"，否则在原有输出结果的基础上增加出生地信息。例如："该身份证号码合法，这是于 2004 年 5 月 21 日在辽宁沈阳沈河区出生的女性"。提示：

1）读取文件 District. csv 中的内容，以地区码为键、以地区名为值写入字典中，用于地区码是否存在的查询。

2）实际中有地区码增加的情况，因此可能存在个别地区码不全的问题，如果自己真实的身份证号码被误判，可以在该文件中添加相应的信息行。

参考答案

8.1 选择题

1. C   2. A   3. C   4. C   5. A

8.2 判断题

1. T   2. T   3. T   4. F   5. T   6. T   7. F   8. T   9. T   10. T

11. T   12. F   13. T   14. F   15. T   16. F   17. F   18. T   19. F   20. T

第 9 章　GUI 界面设计

9.1 选择题

1. 以下_____不是 simpledialog 模块提供的用于获取特定类型数据的输入对话框函数。
   A. askstring()　　　　B. askinteger()　　　　C. askbool()　　　　D. askfloat()

2. 以下关于 tkinter. messagebox. showinfo() 函数的说法错误的是_____。
   A. showinfo 函数提供的提示消息框只有一个确定按钮
   B. showinfo 函数返回字符串"ok"，必须写为变量名=$showinfo()$的格式
   C. showinfo 函数有两个参数，第一个是对话框的标题，第二个是提示信息
   D. showinfo 函数是模式化运行的，只有关闭此对话框后程序才向下运行

3. 以下关于 tkinter. messagebox. showwarning() 函数的说法错误的是_____。
   A. showwarning 函数提供的警告消息框只有一个确定按钮
   B. showwarning 函数返回字符串"ok"，必须写为变量名=$showinfo()$的格式
   C. showwarning 函数有两个参数，第一个是对话框的标题，第二个是提示信息
   D. showwarning 函数提供的对话框默认显示黄色的三角警告图标

4. 调用文件对话框时，只想显示扩展名为 txt 的文本文件，以下选项中为 filetypes 参数赋值的书写格式_____是正确的。
   A. ("文本文件"," * . txt")　　　　　　B. (("文本文件"," * . txt"))
   C. (("文本文件"," * . txt"),)　　　　　D. 以上都正确

5. 设置主窗体 root 的尺寸为宽 800 像素、高 600 像素，窗体左上角距离屏幕左边界 300 像素，距离屏幕上边界 200 像素，以下_____的写法是正确的。
   A. root. geometry(600,400,300,200)　　　　B. root. geometry("600x400",300,200)
   C. root. geometry("600x400" +300 +200)　　D. root. geometry("600x400 + 300 + 200")

9.2 判断题

1. 利用 Python 语言开发的程序，只能是 CLI（命令行界面）的形式。（　）
2. tkinter 是 Python 自带的用于 GUI（图形用户界面）设计的标准库。（　）
3. simpledialog 是 tkinter 库中的模块，用于提供从用户处获取特定类型数据的输入对话框。（　）
4. tkinter. messagebox 模块用于提供模式化运行的消息对话框，例如提示、询问、警告、错误等，根据用户的不同选择消息框返回不同的值。（　）
5. showwarning 函数提供的对话框默认显示一个红色的三角警告图标，而 showerror 函数提供的对话框默认显示一个黄色的圆形错误图标。（　）
6. 当询问用户如何进一步选择操作时，建议采用 askyesno 而非 askquestion 函数，虽然两者功能相同（都提供是、否两个选项以及询问图标），但前者和其他三个提问消息框一样都是返回 True、False，这样避开 askquestion 函数后剩余四个提问消息框的返回值类型就一致了。（　）

7. tkinter. filedialog. askopenfile() 函数的返回结果是字符串类型，它的值是用户选中文件的完整路径文件名。（　　）

8. tkinter. filedialog. asksaveasfilename() 函数返回结果的类型为文件对象，它的值是已经打开的被用户指定的文件。（　　）

9. 在打开和另存为对话框函数的可选参数中，initialdir 参数的功能是指定对话框的初始目录，即对话框打开时的默认目录。（　　）

10. 在另存为对话框函数的可选参数中，defaultextension 的功能是指定新文件的扩展名，无论用户是否写了扩展名，最终都使用 defaultextension 参数指定的扩展名。（　　）

11. filetypes 参数用于对文件对话框中列出的文件类型进行过滤，采用元组形式的数据序列为该参数赋值。（　　）

12. filetypes 参数用于对文件对话框中列出的文件类型进行过滤，每个过滤器只能包含 1 个文件扩展名。（　　）

13. 每个 GUI 的 Python 程序虽然可以包含多个窗体，但是其中只能有 1 个主窗体，其他都是弹出窗体。（　　）

14. 对于 GUI 编写的 Python 程序，把当前的活动窗体释放（destroy）后，该程序就结束了。（　　）

15. Python 的 GUI 程序要求主窗体的主循环函数 main1oop() 持续循环运行，以便及时发现用户触发的事件并做出相应的处理，直至程序结束。（　　）

16. 用 tkinter 编写 Python 的 GUI 程序时，withdraw() 方法用于显示窗体，deiconify() 方法用于隐藏窗体。（　　）

17. 在 tkinter 库中，Label 控件只能用于显示文本型字符，不能显示图片。（　　）

18. 在 tkinter 库中，Text 控件用于设计交互式处理姓名、性别等单行信息的输入框，Entry 控件用于设计交互式处理备注、总结等多行信息的文本框。（　　）

19. 某个 Entry 控件名称为 entScore，利用 entScore. get() 可以获取用户在该控件内输入的成绩，利用 entScore. set() 可以在该控件内显示指定的内容。（　　）

20. Button 控件的 command 属性用于指定当用户按下此按钮时执行的任务。（　　）

9.3 操作题

1. 利用对话框读写文件。如图 9-1 所示，利用打开对话框打开素材文件 FiveGradeMarks. txt，读取其中的成绩信息，统计共有多少个成绩、每种成绩的出现次数，统计完毕用消息框提示"统计完毕"。利用另存为对话框将统计结果写入文件 result. txt 中。请参照图中给出的三个对话框样例进行相应的参数设置。

图 9-1 利用对话框读写文件

2. 学生信息录入。如图 9-2 所示，利用循环结构调用 simpledialog 依次录入四名大学生每人的三个信息：姓名、年龄、身高（米）。

姓名不能为空、年龄必须大于 5 岁、身高必须大于 0.5 米，信息录入错误用 showerror 给出提示；年龄 <15 或 >35、或身高 <1.5 或 >2.2 时用 askyesno 进行确认。

将四个姓名依次存入列表 lstName 中，将四个年龄、身高信息分别存入列表 lstAge、lstHeight 中，最终汇报其平均年龄和平均身高，结果保留 2 位小数。

思考：如果姓名、年龄、身高中哪个信息录入错误，只重复录入该信息（例如身高录入错误时不是重新输入姓名、年龄、身高，而是只重新录入身高），如何实现？

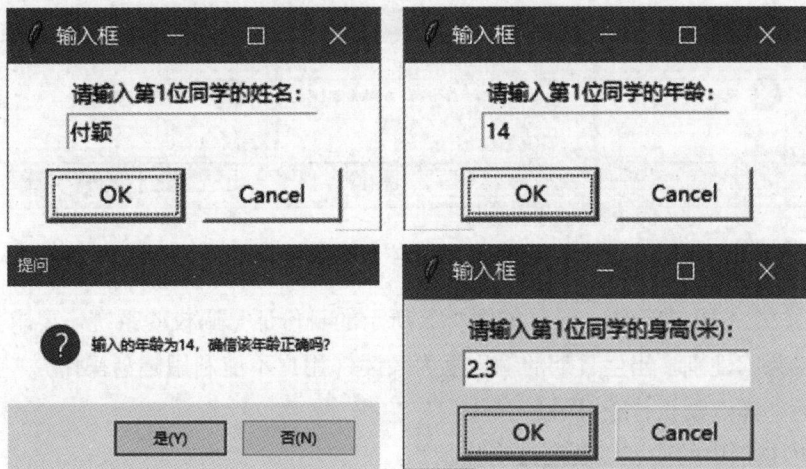

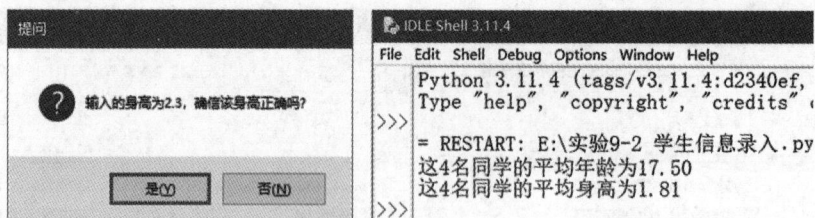

图 9-2　学生信息录入

3. 乘法计算器。设计如图 9-3 所示的简易乘法计算器，包含 3 个 Entry 控件、2 个 Label 控件和 2 个 Button 控件，其中显示结果的 Entry 控件为只读状态。

4. 多窗体 GUI 设计。设计包含两个窗体的温度转换程序，如图 9-4 所示。主窗体为登录界面，子窗体为摄氏度与华氏度温度互转界面，两个窗体均不可调整大小。

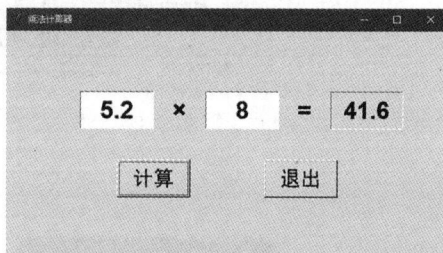

图 9-3　乘法计算器

1）当用户名为 student、密码为 123456 时，单击登录按钮主窗体消失子窗体出现；否则通过消息框提示"用户名或密码错误"。

2）在子窗体中单击摄氏转华氏按钮时，先检查左侧给出的摄氏度是否为数值型数据，如果是则将转换结果显示到右侧的华氏度输入框中；否则通过消息框提示"提供的摄氏度不合理，必须为数值！"；同理设计单击华氏转摄氏按钮的操作。

3）单击子窗体右上角的(×)关闭按钮时不是关闭子窗体本身，而是弹出确认对话框，如果用户确认退出则结束整个程序。

4）密码以密文 * 形式显示，用户修改摄氏度或华氏度时对应的另一个温度被清空。

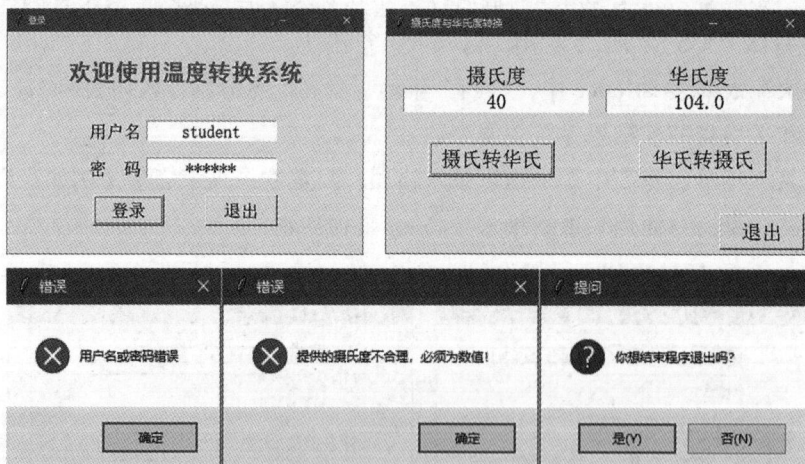

图 9-4　多窗体 GUI 设计

5. 身份证号码校验 GUI 进阶版。设计如图 9-5 所示的身份证号码校验系统。要求如下。

1）显示校验结果、性别、出生日期的输入框为只读（用户不能利用键盘操作）。

2）程序运行后，焦点默认位于 ID 输入框内。

3）ID 输入框内被选中的内容以黄底红字显示。

4）如果 ID 不合法，性别和出生日期文本框显示为空。

5）只要 ID 输入框内容发生改变，结论、性别、出生日期文本框均被清空。

6）编写函数 IDCheck(ID)，其中 ID 为字符型，校验合法返回 True 否则返回 False。校验条件为：① ID 长度必须为 18 位；② 前 17 位只能是数字，最后一位是数字或英文字母 X 或 x；③ 最后的校验位（第18位），与前 17 位计算得到的理论校验码一致（校验码的计算方法见素材文件"身份证号码的含义 . doc"）。

7）IDCheck(ID)返回 False 时给出错误提示"该身份证号码不合法"，返回 True 时给出如图 9-5 所示的对应信息。

6. 身份证号码校验 GUI 高级版。设计如图 9-6 所示的身份证号码校验系统。要求如下。

1）实现进阶版的所有功能。

2）在进阶版基础上进一步对出生日期进行检查，包括日期格式必须合法（不能出现 20230230、20231503 等错误日期）、不能为未来人、不能为古人（＞150 岁）。假设本系统专门为前来办理业务的人员提供服务，而非对历史档案人员进行信息录入。

3）借助地区信息文件 District. csv（以 6 位地区码为键、以地区名为值，将文件内容读入字典），校验 ID 中前 6 位地区码的合法性。给出合法 ID 对应的身份证号码发放地。

4）利用 Label 控件为界面添加图片背景。

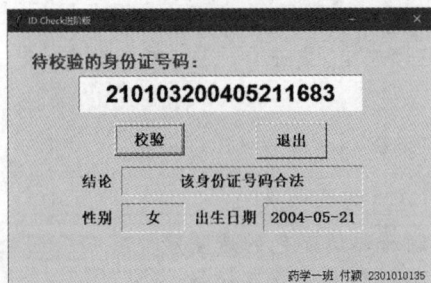

图 9-5　身份证号码校验 GUI 进阶版　　　　图 9-6　身份证号码校验 GUI 高级版

参考答案

9.1 选择题

1. C　　2. B　　3. B　　4. C　　5. D

9.2 判断题

1. F　　2. T　　3. T　　4. T　　5. F　　6. T　　7. F　　8. F　　9. T　　10. F

11. T　　12. F　　13. T　　14. F　　15. T　　16. F　　17. F　　18. F　　19. F　　20. T

第10章　数据可视化

10.1 选择题

1. 利用 matplotlib 库绘制柱形图时，用_____参数设置画布的背景色。
   A. bgcolor 　　　　 B. backcolor 　　　　 C. forecolor 　　　　 D. facecolor

2. 利用 matplotlib 库绘图时，使用 figsize = (8,6) 设置图表（画布）尺寸，其单位是_____。
   A. 像素 　　　　 B. 毫米 　　　　 C. 厘米 　　　　 D. 英寸

3. 利用 matplotlib 库绘图时，使用 linestyle ='-' 的语句设置线型，以下说法错误的是_____。
   A. '-'表示实线　　　　　　　　　　　　　　 B. '- -'表示双划线
   C. ':'表示虚线（点线）　　　　　　　　　　 D. '-.'表示点划线

4. 利用 matplotlib 库绘图时，利用 marker 参数设置折线图和散点图中的点的形状，以下说法错误的是_____。
   A. 实心圆用'o'表示 　 B. 正三角用'△'表示 　 C. 正方形用's'表示 　 D. 五角星用'*'表示

5. 以下说法错误的是_____。
   A. 利用 matplotlib 库绘制折线图时，用 alpha 参数控制折线的透明度
   B. 利用 matplotlib 库绘制散点图时，用 alpha 参数控制散点的透明度
   C. 利用 seaborn 库绘制箱线图时，用 saturation 参数控制箱体填充色的透明度
   D. 利用 seaborn 库绘制气泡图时，用 saturation 参数控制气泡颜色的透明度

10.2 判断题

1. pandas 和 numpy 都是第三方库，首次使用前需要先安装。（　）

2. pandas 库能直接读取 csv 文件或 excel 文件中的数据，读取结果为 DataFrame 类型，该类型的数据仍然保留原始数据的行、列信息。（　）

3. 利用 pandas 库读取 csv 文件时，文件中的数据必须用英文逗号进行分隔。（　）

4. 利用 pandas 库读取 excel 文件时，数据必须位于第一个工作表中。（　）

5. 设 df 为 DataFrame 类型，df. keys() 以列表(list)类型返回所有列的列标题。（　）

6. 设 df 为 DataFrame 类型，df. index 返回所有记录的索引信息，list(df. index) 可以将这些索引信息转换为普通列表（list 类型）。（　）

7. 设 df 为 DataFrame 类型，df[indexs,headers] 返回 df 中由指定（多）行、（多）列的交集构成的子集，该子集是 ndarray 类型。其中 indexs、headers 既可以是 list 形式，也可以是切片形式。（　）

8. numpy 的一维数组和普通列表的输出结果，在外观上的明显区别有：一维数组的元素间用空格分隔、普通列表的元素间用英文逗号分隔；一维数组的各元素类型相同、普通列表的各元素可以是不同数据类型。（　）

9. 设 arr 为 ndarray 类型，arr + 2 返回的运算结果仍为 ndarry 类型，其 shape 和 arr 相同，每个元素的值都在原有基础上加 2。（　）

10. 箱型图只能用 seaborn 库绘制，南丁格尔玫瑰图只能用 pyecharts 库绘制。（　）

11. 可以利用 numpy 库的 polyfit 函数进行曲线拟合，其中 $xishu = np.polyfit(x, y, 1)$ 可以返回一次拟合曲线方程 $ax + b$ 的系数 $[a, b]$，$np.polyfit(x, y, 2)$ 返回二次拟合曲线方程 $ax^2 + bx + c$ 的系数 $[a, b, c]$。$np.poly1d([a, b])$ 可以返回一次方程 $ax + b$ 的格式，$np.poly2d([a, b, c])$ 可以返回二次方程 $ax^2 + bx + c$ 的格式。（　　）

12. 利用 matplotlib 库绘制饼图时，语句 $explode = [0, 0, 0.2, 0]$ 说明该饼图包含 4 个扇区，其中第 3 个扇区向外分离出 20%。（　　）

13. 箱线图的计算公式为：上限值 = 上四分位$(Q3) + 1.5(Q3 - Q1)$、下限值 = 下四分位$(Q1) - 1.5(Q3 - Q1)$。对于给定的数据样本来说 $1.5(Q3 - Q1)$ 是确定的，因此在实际绘制的箱线图中顶部两根横线（上限、上四分位）的间距、底部两根横线（下四分位、下限）的间距，这两个间距是相等的。（　　）

14. 箱线图是根据样本数据的四分位线进行统计分析的，因此箱线图中可以展示中位数的位置但不能展示平均值的位置。（　　）

15. 与箱线图相比，小提琴图的优势在于它不仅可以体现四分位线的位置，还可以体现数据在不同位置的具体分布情况，以及数据的 95% 置信区间。（　　）

16. 饼图可以对一维数据（1 个指标）进行展示；柱形图、折线图、箱型图可以对二维数据（2 个指标）进行展示；时间线柱形图（动图）可以对三维数据（增加了时间指标）进行展示；静态气泡图无需时间线就可以对四维数据（4 个指标）进行展示。（　　）

17. 默认情况下，旭日图按最里层的大类进行颜色分配，同一大类的扇区使用相同颜色；也可以利用 color 参数让所有分类使用同一个配色方案，但颜色只能反映该分类的大小（圆环的圆心角大小）。（　　）

18. 南丁格尔玫瑰图既可以利用 pyecharts 库绘制，也可以用 matplotlib 库绘制。用 pyecharts 库绘制的优势在于代码书写简单；用 matplotlib 库绘制的优点在于对图表中各图形元素的控制更加灵活，例如可以很容易控制每个扇区间的间隙大小（也可以取消间隙）。（　　）

19. 利用 pyecharts 库绘制地理热图时，只能用连续的色带（色系）不能用独立的颜色块表示数值的大小。（　　）

20. 利用 Python 进行可视化展示，一个画布中既可以展示一个图表，也可以展示多个图表；这些图表既可以是同一类型，也可以是不同类型。（　　）

10.3 操作题

1. 利用簇状柱形图对某专业四个班的期末班级平均分进行可视化分析，成绩数据存放于文件"期末各班平均分.csv"中。为了使班级间的差异看起来更加明显，y 轴刻度范围设置为 70~100，如图 10-1 所示。分别绘制适合于 PPT 播放演示和适合于论文打印两种风格的图表。

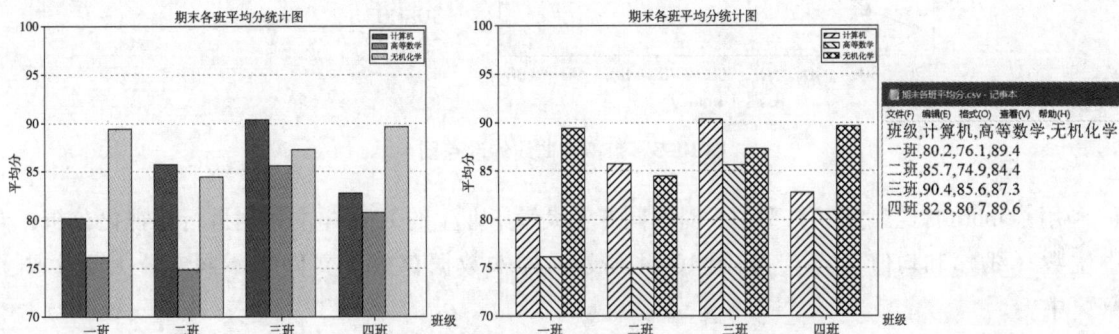

图 10-1　簇状柱形图

2. 利用折线图对某专业四个班的期末班级平均分进行可视化分析，成绩数据存放于文件"期末各班平均分 . csv"中。为了使班级间的差异看起来更加明显，y 轴刻度范围设置为 70~100，如图 10-2 所示。

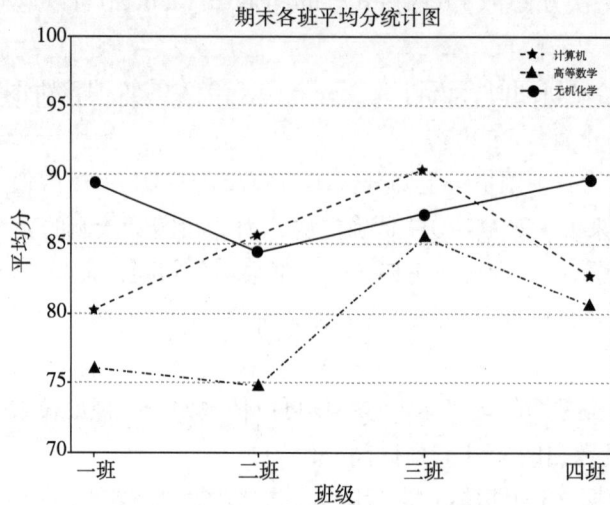

图 10-2　折线图

3. 利用散点图对某家用 SUV 在不同时速下的刹车距离进行可视化分析，测试数据存放于文件"某 SUV 刹车距离测试 . csv"中。要求：对这些散点进行拟合曲线分析，并预测本 SUV 在高速公路上以 120km/h 行驶时的刹车距离，如图 10-3 所示。

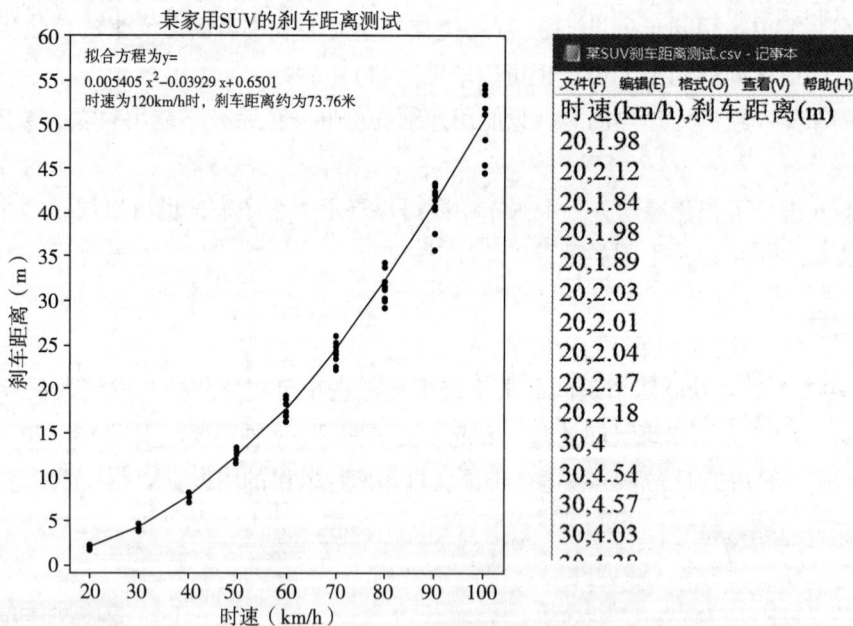

图 10-3　带拟合曲线的散点图

4. 利用 seaborn 库绘制簇状箱型图，对不同专业大学毕业生的 BMI 样本数据进行可视化分析，同时显示中位数（线）和均值（点），如图 10-4 所示，样本数据存放于文件"不同专业大学生毕业体重 . csv"中。

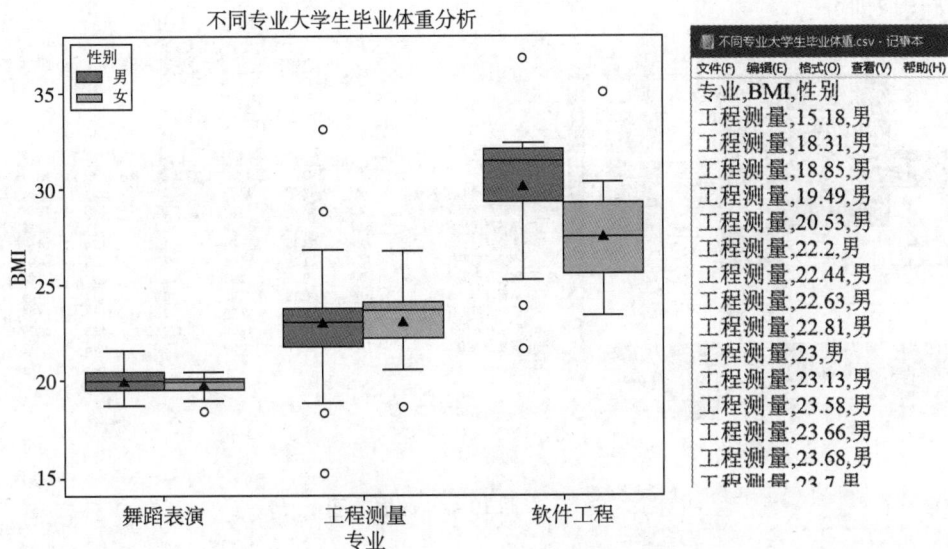

图 10-4　簇状箱型图

5. 利用 seaborn 库绘制小提琴图，对不同专业大学毕业生的 BMI 样本数据进行区域分布的可视化分析，一级分类为专业、二级分类为性别，每个二级分类采用半个小提琴表示，结果如图 10-5 所示，样本数据存放于文件"不同专业大学生毕业体重.csv"中。

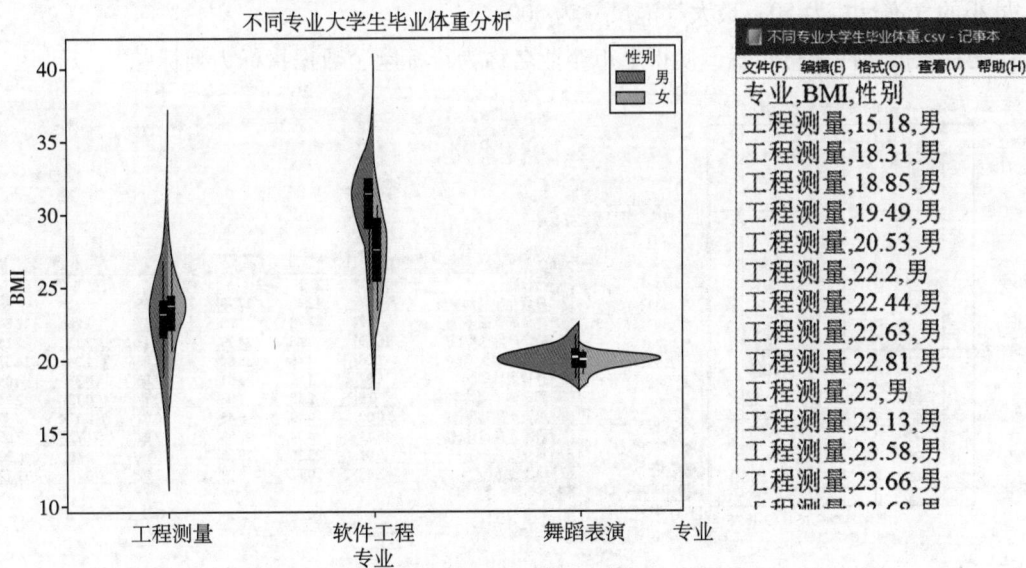

图 10-5　小提琴图

6. 利用 seaborn 库绘制数据热图，对部分上市药企的年报数据指标进行可视化展示分析，年报数据存放于文件"部分上市药企的年报数据.xlsx"中，如图 10-6 所示。要求如下。

（1）根据"营业收入（亿）、研发投入（亿）"两行计算得到新行"研发占营收占比（%）"，结果保留 2 位小数。

（2）热图中展示新行"研发占营收占比（%）"，不展示"营业收入（亿）、研发投入（亿）"两行（展示的都是百分比指标）。

（3）每个指标值显示时保留 1 位小数。

提示：为了方便，直接在 excel 文件中"营业收入（亿）"的上方创建新行"研发占营收占比（%）"，在程序中直接读取即可。

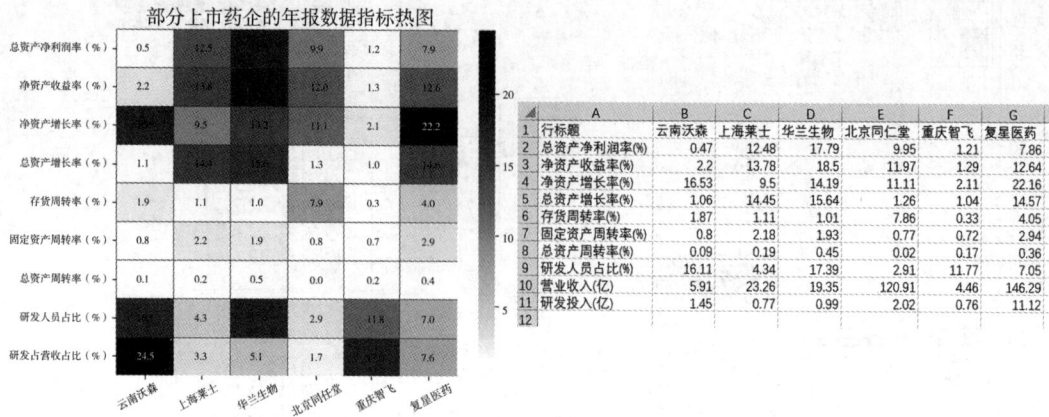

图 10-6 数据热图

7. 利用 seaborn 库绘制气泡图，对部分上市药企的年报数据指标进行可视化展示分析，年报数据存放于文件"部分上市药企的年报数据 . xlsx"中，如图 10-7 所示。要求如下。

（1）x 轴为科研人员占比(%)，y 轴为上市药企名称，气泡大小为营业收入(亿)，颜色为净资产增长率(%)。

（2）x 轴的刻度以百分比形式显示，保留 1 位小数。

（3）最小的气泡尺寸为 50，最大气泡尺寸为 300。

提示：先将数据文件进行转置，使得上市企业名称为行标题、数据指标为列标题。

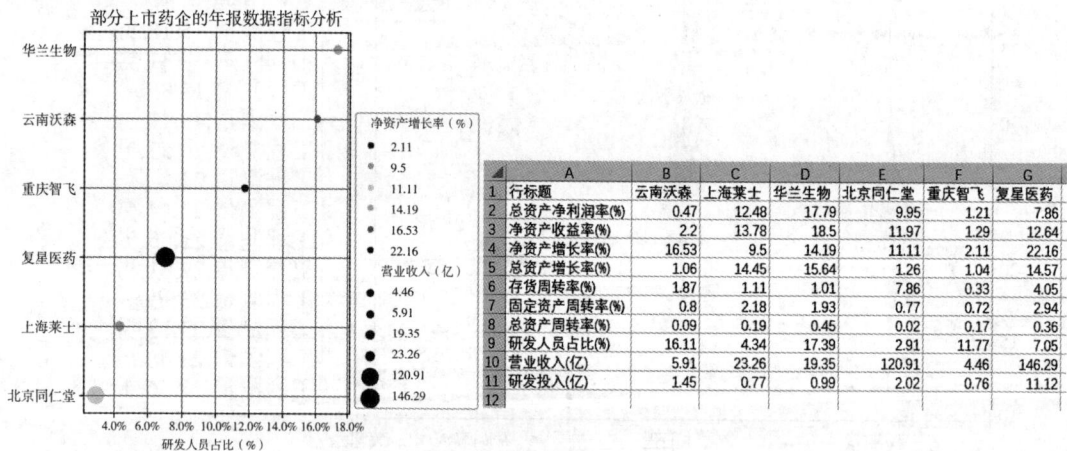

图 10-7 气泡图

8. 利用 plotly 库绘制旭日图，对脊索动物门中部分纲目科属种五级动物分类进行可视化展示分析，原始数据存放于文件"脊索动物门中部分纲目科属种五级动物分类 . xlsx"中，如图 10-8 所示。由图可知，鸭科占雁形目的____%。

提示：将每个数据点中的百分比设置为相对自己上层数据的百分比。

9. 利用 pyecharts 库绘制南丁格尔玫瑰图，对关于糖尿病研究的 SCI 文献贡献度 TOP5 国家的历年发文量进行可视化展示分析，原始数据存放于文件"SCI 文献糖尿病研究 TOP5 国家的历年发文量 . xlsx"中，结果如图 10-9 所示。由图可知，近 15 年来人们对糖尿病的关注度（研究成果）越来越高；中国在 10 年前发文量占比很小，但近 5 年来发文量已经和美国保持相同的水平，远超排名第 3 的英国。

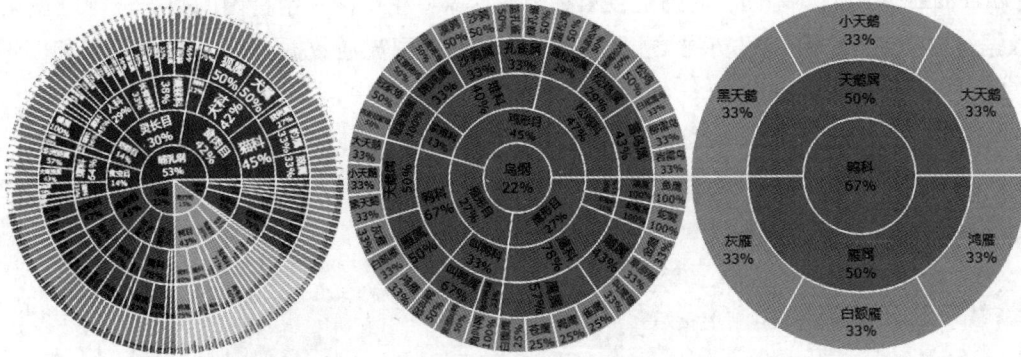

图 10-8　旭日图

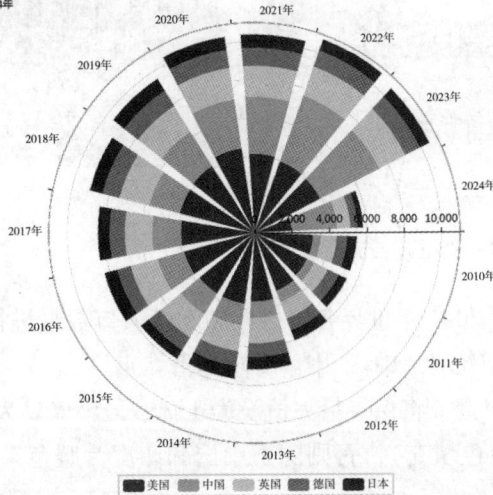

年份	美国	中国	英国	德国	日本
2010年	3138	429	830	540	528
2011年	3131	438	789	640	477
2012年	3260	637	907	666	564
2013年	3607	867	1327	707	666
2014年	3760	1143	1375	770	662
2015年	3760	1288	1433	783	541
2016年	3882	1490	1462	747	701
2017年	3931	1559	1440	803	635
2018年	4100	1708	1620	928	707
2019年	4159	2144	1588	935	742
2020年	4475	2593	1640	949	714
2021年	4136	2982	1607	941	719
2022年	3985	3669	1594	885	638
2023年	3941	3545	1549	875	588
2024年	1989	2435	706	376	301

图 10-9　各国糖尿病 SCI 文献发文量

10. 利用 pyecharts 库绘制桑基图，对不同教研室的教师的职称、来源、性别的人员结构分布进行可视化展示分析，原始数据存放于文件"部门＋职称＋来源＋性别分布.xlsx"中，结果如图 10-10 所示。node 和 link 数据列表的内容可以在代码中直接书写（节点和联系越多代码越长，适用于节点较少的情况）。

说明：三个教研室中有 6 名教授，但"教授→性别"的连接中只有 5 人，这是因为有 1 名教授是通过"教授→海归→性别"的路线进行联系的。

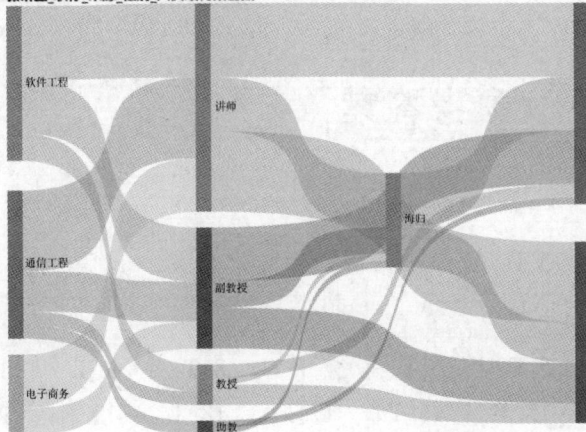

source	target	value
软件工程	教授	4
软件工程	副教授	8
软件工程	讲师	11
通信工程	教授	2
通信工程	副教授	6
通信工程	讲师	12
通信工程	助教	2
电子商务	副教授	4
电子商务	讲师	8
教授	男	3
教授	女	2
副教授	男	6
副教授	女	8
讲师	男	12
讲师	女	11
助教	女	1
教授	海归	1

图 10-10　桑基图

11. 利用 pyecharts 库绘制桑基图，对新冠疫苗种类 – 厂家 – 生产国 – 销售国的数据进行可视化展示分析，原始数据存放于文件"新冠疫苗种类_厂家_生产国_销售国流通数据 . xlsx"中，结果如图 10–11 所示。

要求：node 和 link 的数据列表必须通过代码生成，即只要原始数据的格式按照样例文件提供，无论有多少节点、多少联系，程序代码都是通用的。

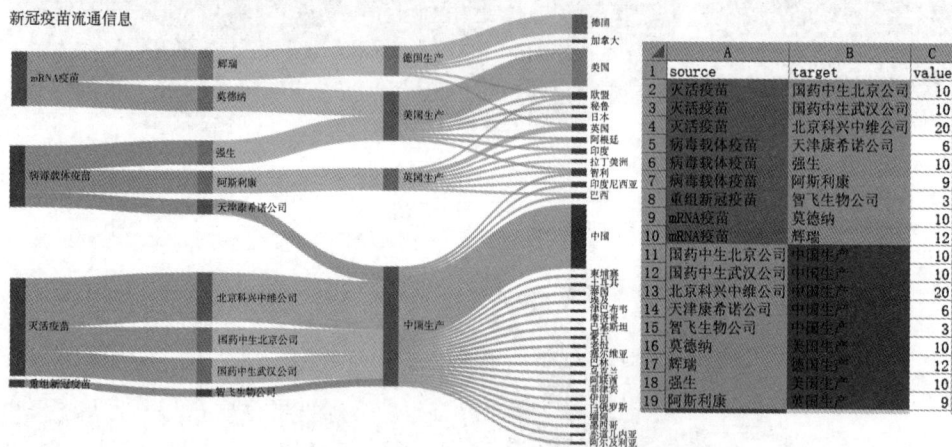

图 10–11　新冠疫苗流通数据桑基图

12. 利用 pyecharts 库绘制地理热图，对 2021 年世界各国男性和女性人口数量进行可视化展示分析，原始数据存放于文件"2021 年世界各国人口统计 . xlsx"中。要求如下。

（1）为了使图中各国的颜色变化更加丰富，将色带最大值设为 4 亿、最小值设为 1 百万（大于 4 亿的都用最热色填充，小于 1 百万的都用最冷色填充），否则除了中国和印度为暖色系，其他各国均为非常冷的色系（无法显示其差异）。

（2）注意部分国家（美国、英国、土耳其、菲律宾、孟加拉）没有颜色填充，请找出原因并解决。

13. 利用 pyecharts 库绘制地理热图，对沈阳市各区县人口分布进行可视化展示，原始数据存放于文件"沈阳市各区县人口统计 . csv"中。

要求：不使用连续色带，而采用非连续色块表示数值区间，为每个色块指定不同的颜色（数值大小的颜色符合色系颜色的变化规律），允许多个区县采用同一种颜色。

14. 利用 pyecharts 库绘制地理热图，对世界体育强国 TOP30 历届金牌数进行可视化展示，原始数据存放于文件"2000—2024（第 27—33 届）夏季奥运会金牌总数 Top30 的国家历届金牌数统计 . xlsx"中。

参考答案

10.1 选择题

1. D　　2. D　　3. C　　4. B　　5. D

10.2 判断题

1. T　　2. T　　3. F　　4. F　　5. F　　6. T　　7. F　　8. T　　9. T　　10. F

11. F　　12. T　　13. F　　14. F　　15. T　　16. T　　17. F　　18. T　　19. F　　20. T

第 11 章　数据分析与应用

11.1 选择题

1. _____库主要用于提供高效的 ndarray（多维数组）对象及相应的操作函数，并且能够执行各种数学和科学计算任务。

    A. Pandas　　　　　　　B. NumPy　　　　　　C. Scikit-learn　　　　D. TensorFlow

2. 在使用 stats.ttest_ind 函数进行独立样本 T 检验时，equal_var 参数表示两组数据是否具有相同方差，该参数的数据类型为_____。

    A. 数值型　　　　　　　B. 数组　　　　　　　C. 字符串型　　　　　D. 布尔型

3. 逻辑回归模型主要用于解决_____问题。

    A. 预测连续性变量（如房价、身高等）的回归

    B. 预测离散类别（如患病与否、是否批准等）的分类

    C. 将数据点分成若干组的聚类

    D. 在数据中提取主要特征的降维

4. 在逻辑回归模型中，通常使用_____函数将线性回归的预测结果转换为分类概率形式。

    A. Linear Regression(线性回归函数)

    B. Sigmoid Function(S 型函数)

    C. Mean Squared Error(均方误差函数)

    D. ROC Curve(ROC 曲线)

5. 在机器学习中，线性回归作为一种监督学习算法，通常使用_____来寻找模型的最佳参数。

    A. K-means 聚类法　　B. 主成分分析　　　　C. 最小二乘法　　　　D. 支持向量机

6. 构建线性回归模型并进行模型训练之后，通常使用测试集的数据对模型的泛化能力进行评价。_____函数用于生成对新数据的预测。输入特征数据 X，调用该函数可返回模型对这些数据的预测值。

    A. predict　　　　　　B. train_test_split　　C. fit　　　　　　　　D. r2_score

7. 在 Python 中，层次聚类可以使用 Scipy 库 cluster.hierarchy 模块来实现。其中，_____函数用于计算层次聚类的链接矩阵。

    A. LogisticRegression　B. roc_auc_score　　C. dendrogram　　　　D. linkage

11.2 判断题

1. pandas 库主要用于处理和分析结构化数据，并提供了 DataFrame 和 Series 等数据结构，因此非常适合对表格型数据进行清洗、转换和统计分析。（　）

2. stats.ttest_1samp 函数的返回值包括 T 统计量(t-statistic)和 p 值(p-value)，其中当 p 值小于指定的显著性水平（例如 0.05）时，说明样本均值与总体均值存在显著差异。（　）

3. 在使用 stats.ttest_rel(sample1,sample2)进行配对样本 T 检验时，sample1 和 sample2 参数可以是任意数据类型，包括 str 型和 bool 型数据。（　）

4. 在单因素方差分析中，stats. f_oneway()的返回值之一是 F 统计量（F-statistic），其表示各组数据的均值之和与组内数据方差之和的比值。（　　）

5. 使用 stats. chi2_contingency 函数进行独立性检验，可以检验两个分类变量是否相关联。函数返回值包括卡方统计量（Chi2-statistic）用于衡量观测值和期望值的差异。（　　）

6. 精确率和召回率是分类模型中常用的评价指标。精确率衡量的是模型在预测为正样本时的准确度，而召回率衡量的是模型对所有实际正样本的识别能力。（　　）

7. 逻辑回归只能用于二分类问题，无法处理多分类任务。（　　）

8. AUC 值是指 ROC 曲线下的面积，取值范围为 0 到 1 之间。AUC 值越接近 0，表示模型的分类能力越强；而 AUC 值接近 0.5，则表示模型的分类能力接近随机猜测，效果较差。（　　）

9. 在 Python 中实现层次聚类时，scipy. cluster. hierarchy 模块中的 dendrogram 函数用于绘制数据样本的聚类树形图。（　　）

10. Sklearn 支持多种经典的监督学习算法，如线性回归、逻辑回归、支持向量机、决策树和随机森林，这些算法均适用于解决分类问题。（　　）

11. 在 Python 的 Sklearn 库中，可以使用 train_test_split 函数实现数据集的划分，其中，test_size 参数用于设置测试集所占数据集的比例，取值为浮点数或整数。（　　）

12. Sklearn 库中 linear_model 模块的 LinearRegression 函数可以构建逻辑回归模型。（　　）

13. 系统聚类分为两种形式：凝聚层次聚类和分裂层次聚类，其中，凝聚层次聚类是自顶向下的聚类方法，而分裂层次聚类是自底向上的聚类方法。（　　）

14. 聚类分析是一种监督学习算法，主要通过比较事物的属性将相似性质的事物归为同一类别。（　　）

11.3 操作题

1. 某研究团队希望检验一种新型酶在蛋白质组学实验中是否能够显著提高蛋白质浓度。实验采集了 8 个样本的蛋白质浓度数据（单位：$\mu g/\mu l$），分别为：[3.4,3.5,3.7,3.8,3.6,3.7,3.5,3.4]。已知正常情况下无酶处理时的平均蛋白质浓度为 3.3 $\mu g/\mu l$。请编写程序，利用单样本 T 检验计算 T 统计量和 p 值，判断该酶是否能够显著提高蛋白质浓度水平，程序运行结果如下所示。

> T 统计量：5.227　　p 值：0.001

2. 某研究团队希望检验一种新的蛋白质分离方法对蛋白质纯度是否具有显著提升作用。实验采集了 8 个样本在使用新方法处理前后的蛋白质纯度数据（单位:%），如表 11-1 所示。

表 11-1　新方法处理前后的蛋白质纯度数据

样本 ID	1	2	3	4	5	6	7	8
处理前	72	68	75	70	69	74	72	74
处理后	78	74	82	77	75	80	77	79

请编写程序，利用配对样本 T 检验计算 T 统计量和 p 值，判断新的蛋白质分离方法是否能够显著提高蛋白质的纯度水平。程序运行结果如下所示。

> T 统计量：-22.450，p 值：8.802966245548755e-08

3. 某研究团队希望检验两种不同的蛋白质提取方法对提取率是否存在显著差异。实验分别对两组样本使用不同的方法进行了蛋白质提取，并记录了提取率（单位:%），如表 11-2 所示。

表 11-2　两种方法的蛋白质提取率

样本 ID	1	2	3	4	5	6	7	8	9	10
方法 A	82	85	88	90	79	87	84	83	88	85
方法 B	78	84	87	88	82	85	79	76	83	80

请编写程序，利用两独立样本 T 检验计算 T 统计量和 p 值，判断这两种方法是否在蛋白质提取率上存在显著差异。程序运行结果下所示。

> T 统计量：1.789　p 值：0.090

4. 某研究希望比较三种不同提取方法（方法 A、B、C）对蛋白质提取率的影响。研究人员分别用每种提取方法处理 10 个样本，并记录了提取率（单位:%），该数据存放于"3 种不同方法的蛋白质提取率.csv"文件中。数据如图 11-1 所示。

	A	B	C	D
1	样本ID	方法A	方法B	方法C
2	1	82	76	88
3	2	85	88	90
4	3	87	80	92
5	4	90	86	89
6	5	79	79	87
7	6	84	81	85
8	7	83	85	91
9	8	81	84	90
10	9	88	78	93
11	10	85	87	88

图 11-1　不同方法的蛋白质提取率数据

请编写程序，利用单因素方差分析计算 F 统计量和 p 值，判断这三种提取方法在蛋白质提取率上的效果是否存在显著差异。程序运行结果如下所示。

> F 统计量：11.088　p 值：0.000305

5. 某研究希望检验不同锻炼习惯对非酒精性脂肪肝的影响。假设有 200 名参与者，记录了其锻炼习惯（定期锻炼或不锻炼）与非酒精性脂肪肝患病情况（健康或患病）的频数，如表 11-3 所示。

表 11-3　锻炼习惯与非酒精性脂肪肝状况统计数据

锻炼习惯	健康	患病
定期锻炼	71	29
不锻炼	49	51

请编写程序，利用卡方检验计算卡方统计量、p 值和自由度，并输出期望频数表，分析锻炼习惯对非酒精性脂肪肝患病的影响。程序运行结果如下所示。

> 卡方统计量:9.188　p 值:0.002　自由度:1.000
> 期望频数表：
> [[60.　40.　]
> 　[60.　40.　]]

6. 某研究希望评估一种新型营养代餐对体重的影响。记录了 10 名参与者在服用前后的体重变化，该数据存放于"服用营养代餐前后体重数据.csv"文件中。数据如图 11-2 所示。

针对该小样本数据，请编写程序，利用 Wilcoxon 符号秩检验判断服用新型营养代餐对参与者的体重是否有显著影响。程序运行结果如下所示。

Wilcoxon 统计量：0.000　　p 值：0.002

	A	B	C
1	患者ID	服用前	服用后
2	1	80.5	78
3	2	74.5	74
4	3	91.2	88.5
5	4	67.1	66.5
6	5	85.7	83.5
7	6	77.9	76
8	7	81.3	81
9	8	87.5	87
10	9	90.6	90
11	10	70	69

图 11-2　服用营养代餐前后体重数据

7. 科研团队在进行高血压患者的临床研究中发现，患者的体重指数（BMI）、年龄（Age）以及总胆固醇水平（Cholesterol）可能与患者的血压（BP）存在一定的线性关系。为了探究这些健康指标对血压的影响程度，研究人员收集了 130 名患者的相关数据，希望通过构建多元线性回归模型来预测患者的血压，并分析各个健康指标与血压之间的关系。

该数据集包含以下 6 个变量和 130 条样本数据：

PatientID：患者编号

Age：患者年龄（单位：岁）

BMI：患者体重指数（单位：kg/m^2）

Cholesterol：患者总胆固醇水平（单位：mg/dl）

BP：患者血压（单位：mmHg）

Gender：患者性别（M/F）

请利用 Sklearn 库，以 Age、BMI 和 Cholesterol 作为自变量，BP 作为因变量，建立多元线性回归模型，并调整模型相关参数，直到满足模型在测试集上的均方误差 $MSE \leq 20$ 并且 $R^2 \geq 0.85$ 的条件。通过对模型的分析，讨论各个健康指标对患者血压的影响，并绘制 BP 实际值与预测值散点图。

	A	B	C	D	E	F
1	PatientID	Age	BMI	Cholesterol	BP	Gender
2	1	58	23.6	207.4	149.7	M
3	2	47	19.8	216.23	136.61	M
4	3	40	30.32	160.12	150.8	M
5	4	29	22.84	203.06	134.96	M
6	5	48	24.96	170.93	145.54	F
7	6	61	32.12	178.32	163.19	M
8	7	30	26.03	224.53	142.01	F
9	8	55	29.59	151.05	148.55	F
10	9	31	20.18	182.48	131.04	M
11	10	38	27.47	249.67	157.86	M
12	11	25	22.11	238.57	129.12	F
13	12	43	24.67	164.84	145.21	F
14	13	53	21.64	217.12	140.12	M
15	14	64	31.32	175.84	165.14	F

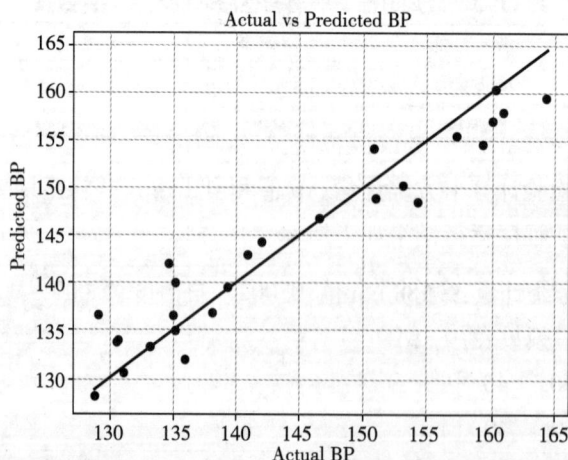

模型的均方误差（MSE）：11.99
模型的决定系数（R^2）：0.91
模型的截距（Intercept）：73.41
模型的系数（Coefficients）：[0.22798389 1.89003071 0.06603097]

图 11-3　线性回归数据与运行结果示例

8. 心脏病是一种常见的慢性疾病，严重威胁着人类健康。通过对患者的健康数据进行分析，构建疾病预测模型，可以帮助医生更早地发现潜在的心脏病患者，并采取相应的治疗措施。heart_disease.csv 文件中包含 303 条临床患者数据，包括 13 个自变量和 1 个因变量，具体数据说明如下：

（1）自变量

age：年龄

sex：性别（0 = 女性，1 = 男性）

cp：胸痛类型（0 = 无胸痛，1 = 轻微胸痛，2 = 中度胸痛，3 = 重度胸痛）

trestbps：静息血压（单位：mmHg）

chol：血清胆固醇（单位：mg/dl）

fbs：空腹血糖（ > 120mg/dl：1，否则：0）

restecg：静息心电图结果（0 = 正常，1 = 有 ST – T 波异常，2 = 左心室肥大）

thalach：最大心率

exang：运动诱发的心绞痛（0 = 否，1 = 是）

oldpeak：运动相对静息的 ST 下降（单位：mm）

slope：峰值运动 ST 段的斜率（0 = 下斜，1 = 平坦，2 = 上斜）

ca：主要血管数量（0~3）

thal：地中海贫血（0 = 正常，1 = 固定缺陷，2 = 可逆缺陷）

（2）因变量

target：是否患有心脏病（0 = 没有心脏病，1 = 患有心脏病）。

请利用 Sklearn 库建立逻辑回归模型，对心脏病的发病情况进行预测。调整模型相关参数，使模型的准确率、精确率、召回率和 F1 分数均在 0.8 以上，并且输出上述评价指标，绘制 ROC 曲线图（图 11-4）。

	A	B	C	D	E	F	G	H	I	J	K	L	M	N
1	age	sex	cp	trestbps	chol	fbs	restecg	thalach	exang	oldpeak	slope	ca	thal	target
2	63	1	3	145	233	1	0	150	0	2.3	0	0	1	1
3	37	1	2	130	250	0	1	187	0	3.5	0	0	2	1
4	41	0	1	130	204	0	0	172	0	1.4	2	0	2	1
5	56	1	1	120	236	0	1	178	0	0.8	2	0	2	1
6	57	0	0	120	354	0	1	163	1	0.6	2	0	2	1
7	57	1	0	140	192	0	1	148	0	0.4	1	0	1	1
8	56	0	1	140	294	0	0	153	0	1.3	1	0	2	1
9	44	1	1	120	263	0	1	173	0	0	2	0	3	1
10	52	1	2	172	199	1	1	162	0	0.5	2	0	3	1

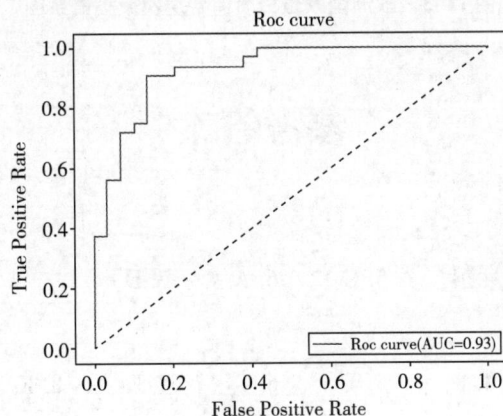

准确率：0.89
精确率：0.88
召回率：0.91
F1分数：0.89

图 11-4　逻辑回归模型数据与运行结果示例

9. 随着公众对全球营养学和公共健康的日益重视，研究不同国家的食品消费结构及其对健康的影响变得愈发重要。蛋白质是维持生物体生长和代谢的基本营养素，其来源多样化，涉及肉类、鱼类、蛋类、乳制品等。

protein. csv 文件是来源于欧洲 25 个国家 9 个食品类别的蛋白质消费量数据，通常以每年每人消费的千克数为单位。关于肉类和其他食品的 9 个数据包括 RedMeat（红肉）、WhiteMeat（白肉）、Eggs（蛋类）、Milk（牛奶）、Fish（鱼类）、Cereals（谷类）、Starch（淀粉类）、Nuts（坚果类）、Fr&Veg（水果和蔬菜）。

请利用 Scipy 库对欧洲 25 个国家的蛋白质消费数据构建层次聚类模型，并输出聚类结果谱系图。依据聚类结果分析蛋白质消费模式相似的国家，从而为制定区域性的营养政策提供支持。

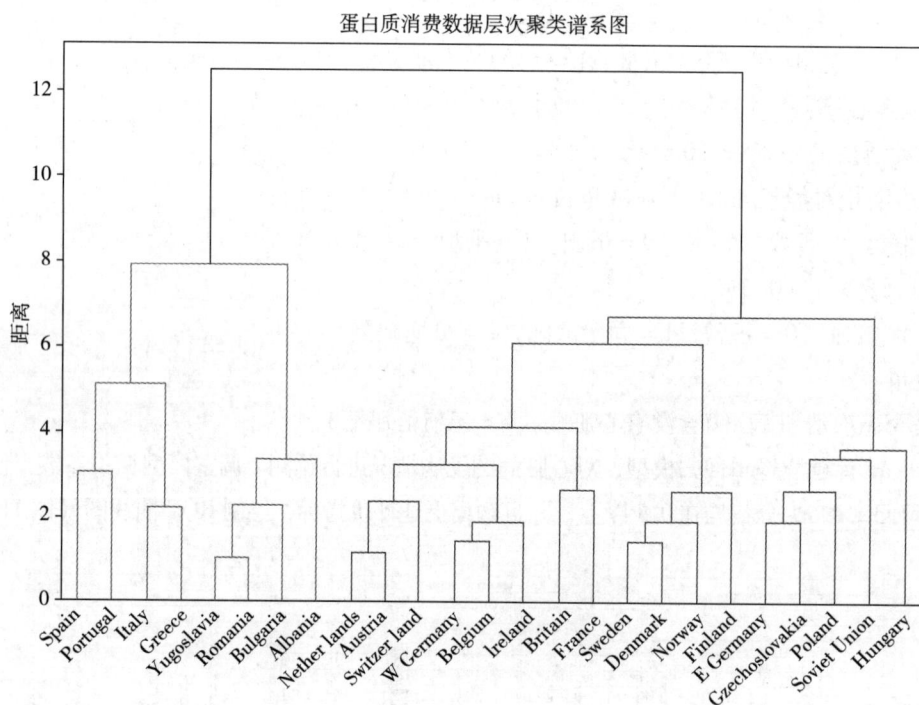

图 11-5　欧洲国家蛋白质消费层次聚类谱系图

参考答案

11. 1 选择题

1. B　　　2. D　　　3. B　　　4. B　　　5. C　　　6. A　　　7. D

11. 2 判断题

1. T　　2. T　　3. F　　4. F　　5. T　　6. T　　7. F　　8. F　　9. T　　10. F

11. T　　12. F　　13. F　　14. F

第 12 章　爬虫基础及应用

12.1 操作题

中国知网（CNKI）是由清华大学、清华同方发起的为全社会知识资源高效共享提供丰富知识信息资源和有效知识传播与数字化学习的网络平台。截至 2024 年 11 月，中国知网共收录中文学术期刊 8500 余种，含北大核心期刊 1970 余种，网络首发期刊 2380 余种，最早回溯至 1915 年，共计 6060 余万篇全文文献；外文学术期刊包括来自 80 个国家及地区 900 余家出版社的期刊 7.5 余万种，覆盖 JCR 期刊的 96%，Scopus 期刊的 90%，最早回溯至 19 世纪，共计 1.2 亿篇文献。

1. 编写爬虫程序，检索本校师生近 10 年发表的被 CNKI 网络平台收载的学术期刊（文献），保存到 Excel 文件中。

2. 对爬取得到的 Excel 文件进行读取、统计分析。

（1）本校师生每年的发文量是多少？对近十年的年度发文量做折线图。

（2）近十年内，本校师生投稿最多的 Top20 期刊是哪些？文献数量分别是多少？

（3）对近十年内，本校师生投稿的所有期刊，根据其收录的文献数量做词云图。

（4）对检索结果中的作者进行频次统计，列出本校近十年里在 CNKI 发文量最多的 Top20 作者及其发文量。

（5）对检索结果中的所有作者进行频次统计，根据其发文量对所有作者做词云图。

（6）对文献篇名进行中文分词并进行频次统计，列出本校近十年的核心研究热点。

（7）对文献篇名进行中文分词并进行频次统计，对所有有意义的实体词做词云图。

（8）统计每位作者的总被引次数，找出本校近十年的高被引作者。